Machen Sie Ihre Kamera lohnenswert

Frederick C. Davis

Writat

Diese Ausgabe erschien im Jahr 2023

ISBN: 9789359251776

Herausgegeben von
Writat
E-Mail: info@writat.com

Inhalt

Worum es geht

Woher kommen die Tausenden von Fotos, die jeden Monat von Zeitungen und Zeitschriften verwendet werden?

Und woher kommen die Fotos, die von Kalender- und Postkartenherstellern, für Werbezwecke und zur Illustration von Büchern, Geschichten und Artikeln verwendet werden?

Auf den ersten Blick lautet die Antwort: „Von professionellen Fotografen und Verlagsfotodiensten." Aber nicht ein Drittel der verwendeten Fotos wird von professionellen Fotografen produziert, und die Fotoverleger werden von der gleichen großen Zahl von Kameraleuten beliefert, die die meisten ihrer Abzüge an Publikationen liefern.

Niemand kann leugnen, dass die meisten veröffentlichten Abzüge von Amateurfotografen in Städten gekauft werden, die nicht größer als der Durchschnitt und manchmal auch kleiner sind.

Der Kameramann muss nicht in ein Luftschiff steigen und nach Afrika fliegen, um Fotos zu machen, die sich verkaufen lassen. Lesen Sie, was Waldon Fawcett sagt, der selbst erfolgreich darin ist, seine Fotos zu verkaufen:

„Der Fotograf neigt dazu, zu glauben, dass alle seine Ambitionen verwirklicht würden, wenn er nur an fremde Küsten oder in entfernte Winkel unseres Landes reisen könnte oder wenn er an den spektakulären Ereignissen teilnehmen könnte, die hin und wieder die Aufmerksamkeit der Welt auf sich ziehen. Das. *" ist eine Täuschung. Der wahre Triumph ist der des Fotografen, der das vorhandene Material in seinem eigenen Bezirk, sei er groß oder klein, verwertet . "*

Darüber hinaus muss man kein erfahrener Fotograf sein, um bei der Arbeit erfolgreich zu sein. Hier ist, was ein prominenter Autor dazu sagt:

„Die Anforderungen des Fachgebiets liegen durchaus im Rahmen der Fähigkeiten selbst eines Anfängers in der Fotografie, nämlich die Fähigkeit, gute Negative und gute Abzüge anzufertigen, die Fähigkeit, den Neuigkeitswert zu erkennen und einen methodischen Plan, um den Markt zu finden, auf dem die Abzüge erhältlich sind . " wird Akzeptanz finden. Der Mann oder die Frau, die diese Anforderungen erfüllen kann, sollte von Anfang an einigermaßen erfolgreich sein und wird sich schnell neue Möglichkeiten für besondere Arbeit und Gewinn eröffnen.

Kurz gesagt, die Fähigkeit, Metaphern zu erstellen, schöne Heldinnen zu erschaffen oder dergleichen, ist für den erfolgreichen Verkauf von Fotos an Publikationen überhaupt nicht erforderlich.

Ist das Feld überfüllt? *Nein.* Wenn zehnmal so viele Personen an der Arbeit beteiligt wären , könnten sie sich alle beschäftigen.

Das Feld – wie groß ist es? Holen Sie Ihre Weltkarte heraus. Das Feld zum *Fotografieren* erstreckt sich vom oberen Rand bis zum unteren Rand und von links nach rechts. Der Bereich des *Fotoverkaufs* erstreckt sich – was genauer ist – auf über etwa fünftausend Veröffentlichungen, in denen Abzüge zum Einsatz kommen; ganz zu schweigen von ein paar Dutzend anderen Märkten.

Die Märkte lassen sich kurz klassifizieren:

- (1) Zeitungen
- (2) Zeitschriften
- (3) Postkartenhersteller
- (4) Kalendermacher
- (5) Produzenten von Kunststudien
- (6) Illustrationen für Bücher
- (7) Illustrationen für Artikel
- (8) Drucke für Werbezwecke.

Und es gibt noch mehr, spezialisiertere Branchen.

Und wie wird es bezahlt? Bitte beachten Sie: „Ein bestimmtes Magazin zahlte einmal 100 US-Dollar für vier Abzüge von Sonnenuhren. Ein Amateur, der zufällig mit einer Kodak vor Ort war, verdiente über 200 US-Dollar mit einem Frontalzusammenstoß mit der Eisenbahn. Ein New Yorker Profi verdiente 125 US-Dollar." die Zeitungsnutzung einer Hochzeitsgesellschaft von beträchtlicher lokaler Bedeutung, die nach der Zeremonie die Kirche verließ. Ein Amateur „ verdiente zwei oder drei Jahre lang 300 Dollar pro Jahr mit einem glücklichen Schnappschuss von acht Hauskaninchen hintereinander."

Eine Reihe von Südpolfotos brachte 3.000 US-Dollar von *Leslie's* und weitere 1.000 US-Dollar vom International Feature Service ein. Dies alles sind jedoch sehr außergewöhnliche Fälle. Der durchschnittliche Druck kostet etwa drei Dollar. Aber es gibt absolut nichts auf der Welt, was einen hellwachen Menschen mit einer Kamera daran hindern könnte, mit seinen Abzügen mehrere Hundert bis über 3.000 Dollar pro Jahr zu verdienen. Wenn er Spezialist wird, kann er bis zu 5.000 US-Dollar oder sogar mehr verdienen.

Es gibt keine Diskriminierung zwischen Pressefotografen. Es gewinnt derjenige, der „die Ware liefert".

Allerdings meine ich nicht, dass etwa 200 US-Dollar für Abzüge als die normalerweise gezahlten Preise angesehen werden sollten. Ich behaupte nicht, dass auf den Mann mit der Kamera ein Vermögen wartet; Aber ich sage, es gibt unbegrenzte Möglichkeiten für verkaufsfähige Fotos und eine nahezu unbegrenzte Anzahl von Märkten dafür. Aber es sind nicht unbedingt „Fässer voll Geld" drin. Eine Person kann ihr Einkommen durch den Verkauf von Fotos erheblich steigern; und nachdem er das Geschäft weit entwickelt hat, kann er Schecks in Höhe von 5.000 $ oder mehr pro Jahr einlösen. Aber nicht jeder . Nur etwas. Und es ist nicht wie mit dem Baumstamm und dem Herunterfallen. Es ist Arbeit – harte Arbeit – *harte Arbeit* .

Der Erfolg beim Verkauf von Pressefotos hängt nicht von der Größe der Stadt, in der Sie leben, den Kosten oder der Herstellung Ihres Geräts oder Ihren literarischen Fähigkeiten ab. Es hängt von Ihnen und Ihrer Verehrung der verehrten Götter des Erfolgs ab, ob Sie Fotos verkaufen würden. Die Gabe dieser Götter ist die Fähigkeit, Gutes zu tun.

DIE WERKZEUGE DES HANDELS

Sind Sie jemals in der trüben Nacht einer düsteren Nacht aufgewacht und haben Körper und Seele von einem großen Verlangen erfüllt – einem unkontrollierbaren, alles bewegenden, alles verzehrenden, wahnsinnigen Verlangen, das keine Befriedigung kennt – dem Verlangen nach einer neuen Kamera oder einem besseren Objektiv? ? Es ist ein noch beunruhigenderes Gefühl als das des Vaters, der von seinem kleinen Sohn dabei ertappt wird, wie er dessen Bank nach einem Autogeld durchsucht. Ich wäre niemals so unklug, diesen Wunsch bei irgendjemandem zu kultivieren; Aus diesem Grund gehe ich hier nicht näher auf die Diskussion der besten Kamera für die Pressefotografie ein! Sofern die Kamera, die Sie jetzt besitzen, nicht von hoffnungslos mittelmäßiger Qualität ist, wird sie sehr gut funktionieren.

Eine Spiegelreflexkamera ist dafür natürlich das ideale Instrument, denn eine scharfe Fokussierung ist so einfach und so notwendig. Die hohen Geschwindigkeiten des Schlitzverschlusses einer solchen Kamera werden vom Durchschnittsbenutzer selten genutzt ; aber seine anderen Eigenschaften sind bewundernswert.

Die faltbare Handkamera ist jedoch überlegen. Es ist so leicht, dass es lange Zeit ohne Ermüdung getragen werden kann; der Benutzer ist bei Aufnahmen unauffällig; Sowohl die Betriebskosten als auch die Anschaffungskosten sind vergleichsweise gering – und es gibt noch einige Dutzend weitere Gründe, die dafür sprechen, darunter vor allem die größere Schärfentiefe.

Das Objektiv ist das Herzstück der Kamera, und manche Kameras haben „Herzprobleme". Wenn Sie ernsthaft vorhaben, Fotos zu vermarkten, sollten Sie über ein Anastigmatobjektiv verfügen. nicht unbedingt ein F/4,5-Objektiv, noch nicht einmal ein F/6,3-Objektiv, wenn es zu teuer ist; In diesem Fall ist ein F/7,5-Objektiv sehr gut geeignet. Ein F/7,5-Anastigmat ist etwas langsamer als ein schnelles, geradliniges Objektiv mit US4-Blende; Aber seine Exzellenz liegt – wie bei allen Anastigmaten – in seiner Fähigkeit, Bilder von messerscharfer Schärfe zu erzeugen, was eine Hauptvoraussetzung für einen Druck ist, der eine Seite einer Zeitschrift zieren soll. Ein lichtstarkes geradliniges Objektiv eignet sich sehr gut, wenn Sie stets Sonnenschein oder helle Wolken als Belichtungslicht haben – und unter solchen Bedingungen reicht sogar das einfache einfachachromatische Objektiv aus.

Nun sehen Sie, dass ich zugestimmt habe, dass praktisch jedes Objektiv, das ein scharfes Bild erzeugt, die Anforderungen erfüllt. Um Lincoln zu paraphrasieren: „Für die Art von Dingen, die ein Objektiv leisten soll, würde ich sagen, dass es einfach das Objektiv dafür ist." Mit anderen Worten: Die

Grenzen und Fähigkeiten jedes Objektivs sind sehr genau definiert. und diese Grenzen muss der Benutzer kennen und schätzen.

Und der Verschluss; Es ist Torheit, ein schlechtes Objektiv in einen guten Verschluss zu stecken, und ebenso absurd, das Gegenteil zu tun. Ein teurer Verschluss mit hoher Geschwindigkeit kann nur dann erfolgreich eingesetzt werden, wenn ein Objektiv mit großer Blendenöffnung verwendet wird – andernfalls kommt es zu einer Unterbelichtung. Eine Geschwindigkeit von 1/300 Sekunde ist die höchste , die bei einem gewöhnlichen Zwischenlinsenverschluss möglich ist , und das reicht für fast alles aus.

Die langsameren Geschwindigkeiten wie ein Fünftel, eine halbe und eine Sekunde sind meiner Meinung nach brauchbarer als die extrem schnellen. Geschwindigkeiten zwischen einer Sekunde und 1/300 Sekunde sind in zwei bekannten Verschlüssen enthalten: dem Optimo und dem Ilex Acme. Das eine ist dem anderen ebenbürtig. Es ist jedoch kein solch hochwertiger Verschluss erforderlich, es sei denn, der Benutzer benötigt die hohen Geschwindigkeiten, denn die langsameren Geschwindigkeiten können mit der Anzeige auf B angegeben werden. Aber genug! Dies ist kein Handbuch zu den Elementen der Fotografie.

Die Anforderungen an die für die Pressefotografie zu verwendenden Geräte bestehen darin, dass das Objektiv ein scharfes und klares Bild erzeugt, der Verschluss präzise funktioniert und das Ganze schnell einsatzbereit ist.

Ich habe jede Art von Kamera verwendet; Spiegelreflexkameras, 8 × 10-fach, 5 × 7-fach, Handkameras mit Anastigmat, Schnellkorrektur- und Einzellinsen sowie Boxkameras, und sie alle sind „für die Zwecke, für die sie gedacht sind" völlig zufriedenstellend.

Die Kamera, die ich am häufigsten verwendet habe und die mir am besten gefällt, ist eine faltbare Kodak-Kamera, die Fotos im Format 3¼ x 4¼ macht und mit einem Ilex-Anastigmat mit F/6,3 und einem Ilex-Acme-Verschluss ausgestattet ist. Dazu habe ich einen Direktsucher hinzugefügt, aus Gründen, die für jeden offensichtlich sind, der versucht hat, Motive mit hoher Geschwindigkeit zu fotografieren, indem er einen Blick in den kleinen Spiegelsucher wirft. Diese Kamera hat mir bei Innenaufnahmen, Taschenlampen, im Freien, Hochgeschwindigkeitsaufnahmen, Porträtaufnahmen und allem anderen, bei dem ich sie eingesetzt habe, hervorragende Dienste geleistet. Ihre eigene Kamera sollte das Gleiche für Sie tun.

Ein Fotograf lernt seine Kamera kennen, wie eine Mutter ihr Baby kennt – und wenn er es nicht tut , wird er nicht erfolgreicher sein als die Mutter, die ihr Kind nicht versteht. Der Kameramann muss alle Herstellerangaben vergessen und sein Werkzeug nach Erfahrung beurteilen; Er muss den

Großteil der Theorie ignorieren und sich ausschließlich auf die Praxis verlassen. Kurz gesagt, er muss seine Kamera in- und auswendig kennen, was sie kann und was nicht; Alles muss griffbereit und sofort einsatzbereit sein. Damit verbunden ist die Notwendigkeit, manchmal innerhalb einer Stunde nach der Belichtung gestochen scharfe, brillante Ausdrucke zu erzeugen.

Schließlich werden vom Pressefotografen nicht mehr Qualifikationen verlangt als von den meisten anderen Fotografen. Er muss vielleicht wie ein Blitz arbeiten, seinen Verschluss buchstäblich unter den Hufen von Rennpferden zuschnappen lassen, aus einem warmen und gemütlichen Bett in eine kühle und trostlose Nacht stürzen – aber „es ist alles im Spiel." Wenn einer der alten, erfahrenen Pressefotografen das Leben eines gewöhnlichen Geschäftsmannes führen würde, würde er vor Langeweile sterben. Wenn der Kameramann für Verlage fotografiert, geht es um Geld – und später um Bargeld.

Es ist das aufregende Leben eines nie schlafenden Reporters, der statt eines Bleistifts eine Kamera zu verwalten hat.

WAS FOTOGRAFIEREN IST

Wenn Sie sofortigen Wohlstand wünschen , müssen Sie nur mehrere Ölvorkommen ausfindig machen und darin graben. Wenn Sie bei der Vermarktung von Fotos erfolgreich sein wollen, müssen Sie nur die Bedürfnisse der Redakteure erkennen und diese befriedigen. Aber obwohl es nicht mehr viele verfügbare Öltaschen gibt, gibt es viele Redakteure und unzählige redaktionelle Bedürfnisse.

Es wäre für mich genauso absurd, genau anzugeben, was Sie fotografieren sollen, als wenn ich einen Bleistiftpunkt auf eine Karte zeichnen und sagen würde: „Da ist eine Öltasche; graben Sie da rein." Die einzige Möglichkeit, die Bedürfnisse von Redakteuren zu entdecken und sie zu befriedigen, besteht darin, ein „Gespür für Nachrichten" zu entwickeln.

Ein „Gespür für Neuigkeiten" ist einfach die Fähigkeit, den Wert eines bestimmten Fotos für einen bestimmten Redakteur zu erkennen. Es gibt verschiedene Möglichkeiten, diese sehr notwendige Fähigkeit zu erwerben: (*a*) durch Erfahrung, die am meisten Zeit in Anspruch nimmt und am schwierigsten ist; (*b*) durch Untersuchung der Beschaffenheit von Fotografien, die bereits an Publikationen verkauft und dort abgedruckt wurden, was weniger schwierig und genauso effektiv ist; und (*c*) durch sorgfältige Untersuchung der vorherrschenden redaktionellen Bedürfnisse und Marktanforderungen, was die beste Methode von allen ist.

Um erfolgreich zu sein, mischen Sie großzügige Mengen von (*a*), (*b*) und (*c*).

Außer den großen Großstadtzeitungen beschäftigen nicht viele Mitarbeiterfotografen; und wenn es ein kleinerer Fotograf ist, ist der Fotograf normalerweise ein Reporter, der außerdem viel zu kritzeln hat. Wenn die meisten Zeitungen ein Foto von etwas Lokalem benötigen, ruft der Stadtredakteur einen Werbefotografen an und fordert ihn auf, „es zu besorgen". Daraufhin packt der Werbefotograf sein vierzig Pfund schweres Outfit zusammen, geht los und holt es.

Allerdings sind viele Motive nicht so interessant, dass der Stadtredakteur einen Werbefotografen entsenden würde, um sie zu besorgen; aber wenn ihm unaufgefordert Fotos derselben Motive gebracht würden, würde er sofort ihren Wert erkennen und sie kaufen. Das ist der größte Vorteil des freiberuflichen Fotografen bei den Zeitungen.

Wenn der Pressefotograf diese Taktik anwenden möchte, kann er sogar in einer sehr großen Stadt davon profitieren; Denn Mitarbeiterfotografen gehen dorthin, wo Stadtredakteure es ihnen sagen, und Stadtredakteure haben viel zu bedenken.

Bei den Motiven, die Zeitungen von freiberuflichen Fotografen kaufen, handelt es sich um Themen von lokalem Interesse, die ins Büro gebracht werden, solange das Interesse an ihnen noch groß ist. Eine große Anzahl solcher Themen ist täglich verfügbar. Der Nachrichtenfotograf kann seine Tipps einer Morgenzeitung entnehmen und seine Abzüge an eine Abendzeitung verkaufen. Wenn er hinreichend bekannt ist, kann er wie der Werbefotograf nach einem Foto gefragt und entsandt werden. Aber zuerst muss er die Redaktion beeindrucken, indem er ihr ungefragt genau das gibt, was sie will.

Der freiberufliche Fotograf sollte in vielen Themenbereichen Möglichkeiten sehen:

- Ein öffentliches Gebäude brennt.

- Der Grundstein ist gelegt.

- Es wird ein illegales Destilliergerät gefunden.

- Ein neues Gebäude wird errichtet.

- Es kommt zu einem Mord.

- Ein neuer Feuerwehrwagen wird gekauft.

- Der Gouverneur kommt in die Stadt.

- Josh Jones findet ein Hühnerei, das dreimal so groß ist.

- Ein Park wird verbessert.

- Das erste Baseballspiel wird gespielt.

- Der Räuber des Postamtes wird gefasst.

- I. Wright, das neue Buch des lokalen Autors, wird veröffentlicht.

- Der örtliche Erfinder erfindet erneut.

Jeder dieser Vorschläge bietet Möglichkeiten für Fotos, die für eine Zeitung nützlich sind. und viele weitere Veranstaltungen sind ebenso vielversprechend.

Die Arten von Fotografien, die Postkartenhersteller verwenden, sind fast jedem bekannt . Die Themen reichen von berühmten Gebäuden und historischen Denkmälern bis hin zu künstlerischen Bildern von menschlichem Interesse wie einem kleinen schlafenden Kätzchen, dessen Füße in einem Fadenlabyrinth verwickelt sind, mit dem es gespielt hat.

An diesem Punkt vereinen Sie die Forderungen der Kalenderhersteller. Sie verwenden den Typus „Menschliches Interesse" und konzentrieren sich auf

Landschaften, Seestücke und Porträts hübscher Mädchen. Normalerweise ist es sowohl bei Postkarten- als auch bei Kalenderherstellern der Anspruch, dass das Bild eine Geschichte erzählt. Wenn es ohne erläuternde Bildunterschrift verwendet werden kann, umso besser. Als Beispiel für eine mit Bildern erzählte Geschichte werfen Sie einen Blick auf fast jedes Cover der *Saturday Evening Post* und beachten Sie, wie die gesamte Situation ohne ein einziges Wort der Erklärung klar dargestellt wird. Es ist diese Art von Foto, die sich Postkarten- und Kalenderhersteller wünschen. Wenn Sie einen Blick auf die Postkarten- und Kalenderillustrationen werfen, die Ihnen zur Verfügung stehen, werden Sie sofort erkennen, welche Arten von Fotos verwendet wurden.

Manchmal versenden Buchverlage Ausschreibungen für besondere Arten von Fotos, die sie für die Vorbereitung bestimmter Bücher benötigen. In diesem Fall machen sie normalerweise eine Anzeige in einer entsprechenden Zeitschrift und erwähnen die Art des Fotos, das sie wünschen; zum Beispiel historische Drucke, wenn eine Geschichte in Vorbereitung ist. Die unbegrenzte Vielfalt der veröffentlichten Bücher erfordert eine unbegrenzte Vielfalt an Fotografien. Bestimmte Verlags-Fotodienste haben es sich zur Aufgabe gemacht, Verlage mit den von ihnen gewünschten Fotos zu beliefern; Aber das schadet den Aussichten der Freiberufler nicht, denn die Fotodienste müssen Fotos jeder Art aus jeder Quelle beziehen und über eine größere Anzahl und Vielfalt an Abzügen verfügen, als eine einzelne Zeitschrift oder ein einzelner Verlag jemals gebrauchen könnte . Somit hat der Nachrichtenfotograf tatsächlich einen größeren Markt.

Das größte Feld für den freiberuflichen Fotografen habe ich bis zuletzt übrig gelassen; das heißt, die Zeitschriften. Es gibt so viele Zeitschriften und eine solche Vielfalt, dass fast jede Druckschrift, wenn sie überhaupt von Interesse ist, einen Platz bei einer davon finden sollte. Neben den großen Magazinen gibt es viele kleinere; diejenigen, die sich fast jedem erdenklichen Beruf widmen, und andere, die sich fast jedem Interesse oder Hobby widmen.

Neben den Publikationen, die für die große Masse des Lesepublikums herausgegeben werden, gibt es Zeitschriften, die ausschließlich für Werbetreibende, Architekten, Immobilienmakler, Automobilisten, Bäcker, Konditoren, Zementverarbeiter, Drogerien, Trockenwarenhändler, Elektriker und Ingenieure herausgegeben werden , Bergleute, Bankiers, Finanziers, Bruderschaftsmitglieder, Möbelhändler, Müller, Lebensmittelhändler, Eisenwarenverkäufer, Historiker, Hotelbesitzer, Besitzer von Restaurants, Juweliere, Gewerkschaftsmitglieder, Anwälte, Versicherungsvertreter, Soldaten, Matrosen, Kommunalverwaltung Arbeiter, Drucker, Verleger, Eisenbahner, Zauberer, Fuchszüchter, Schmiede, Obstbauern, Bestatter, Briefmarkensammler und Dutzende andere, ganz zu schweigen von fast zweitausend Hausorgeln, die von Herstellern als

Verkaufsförderungsliteratur herausgegeben wurden oder zum Wohle ihrer Mitarbeiter. Und jeder von ihnen verwendet gelegentlich, wenn nicht regelmäßig, Fotos. Der Fotograf muss sich nicht darüber beklagen, dass es für seine Fotografien nicht genügend Märkte gibt.

Der größte Einfluss auf die Entwicklung eines „Gespürs für Nachrichten" besteht darin, ihm mehrere Hauch von Nachrichten zu vermitteln. Ein Fotograf kann „fotografieren" – ein professioneller Fotograf fotografiert nie – er fotografiert – er kann fotografieren und fotografieren und jedes seiner Fotos als unbrauchbar zur Veröffentlichung zurückerhalten – aber nicht, wenn er zuerst herausfindet, was er fotografieren soll und was nicht.

Um dieses Ziel zu erreichen, habe ich nach dem Zufallsprinzip Ausgaben von drei Zeitschriften ausgewählt, deren Bildteile Abzüge enthalten, die im Großen und Ganzen genau die Art von Fotografien sind, die ein Fotograf in einer mittelgroßen Stadt anfertigt. Die Zeitschriften sind *Popular Science* , *Illustrated World* und *Popular Mechanics* ; Trotz ihres Namens drucken diese Zeitschriften Fotografien von sehr allgemeinem Umfang – allgemeiner, als man annehmen würde. Ich habe nur Fotos mit kurzen Bildunterschriften oder solche mit erklärenden Artikeln ausgewählt, die nicht länger als etwa zweihundert Wörter sind.

In der *Populärwissenschaft* finde ich:

- Ein Apartmenthaus für Pflanzen.

- Ein Krankenhaus auf Rädern.

- Kartoffelernte leicht gemacht.

- Dieses Ruder sorgt dafür, dass sich das Boot verhält.

- Neues Licht für den Fotografen.

- Er trägt eine Vitrine.

- Ein Gummiabsatz mit Geräusch.

- Kühe mit Strom melken.

- Verankerung von Ziegeln an der Seite eines Hauses.

- Skizzieren auf Pilzen, dem Hobby eines Künstlers.

- Probenahme des Bodens.

- Hauszerstörung leicht machen.

- Eine Maschine, die Purpurkleesamen erntet.

- Radschützer, die Leben retten.

- Sicheres Arbeiten an Hochspannungsleitungen.

- Ein See mit einer Salzkruste.

- Geben Sie Ihre Stimmen ab.

- In diesem Bank-Tank ist Ihr Geld sicher.

In der *illustrierten Welt* :

- Motorisierter Rollstuhl für Behinderte.

- „Surr of Motors" ersetzt „Song of Cotton-Pickers".

- Wie Aristokraten des Dogdoms reisen.

- Führen Sie die Trauung in der Öltankstelle durch.

- Schienenkraftwagen für den Kurzstreckengebrauch auf der Straße.

- Keine Rückenschmerzen mehr durch den Rasenmäher.

- Neuartige Anordnung von Luftschläuchen für Werkbänke.

- Größter Milchtank der Welt.

- Bequeme Fußstütze für einen rustikalen Sitz.

- Bei Autounfall verletzter Hund trägt Holzbein.

- Straßenbahnen übernehmen das „Pay-As-You-Leave"-System.

- Zahnarztwaage zum Wiegen von Quecksilber.

- Spielzeug macht Kindern das Buchstabieren leicht.

- Kleines Scheckbuch im Silberetui.

- Neunstöckiges Gebäude stürzt ein.

- Reisebriefkasten im Überlandauto.

- Clevere Methode, Parfüm zu bewerben.

- Macht aus Briefmarken einen Anzug.

- Wellesley-Mädchen haben einen „niesenden Schrank".

- Hühner auf einer hinteren Veranda züchten.

In der *populären Mechanik* :

- Der Besitzer künstlicher Hände ist stolz auf seine Geschicklichkeit.

- Unvergängliche Grabgewänder an lebenden Modellen.

- Neuartiges Fensterschild mit Wörtern und Schneeflocken.

- Imposante neue Brücke in Jacksonville.

- Straßenschild ruft um Hilfe, wenn Räuber in den Laden eindringen.

- Neues Blockhaus im Stil einer Palisade.

- Weinreben bedecken Bürogebäude vollständig.

- Wunderschöne Eisstalagmiten sind Streiche von Jack Frost.

- Einzigartige Holzskulpturen sind ein Werk eines Jahrzehnts.

- Elektrischer Lagerwagen führt schwere Aufgaben aus.

- Hydraulischer Wagenheber reißt Straßenbahngleise auf.

- Der Man-Power-Zwiebelpflanzer schafft einen Hektar pro Tag.

- Groteske Bilder belohnen Sieger von Motorradrennen.

- Der schwache Derrick beginnt mit der Arbeit am Stahlbau.

- Beton-Abholzungspfeiler werden in der Holzindustrie verwendet.

- Die größte Uhr der Welt hält die genaue Zeit.

- Groteskes Gesicht auf Auto wirbt für Karneval.

- Das Flussbett erweist sich als reiche Kohlemine.

- Auslässe mit seltsamen Formen für die Bewässerung.

- Ungewöhnlicher Park-Spielplatz in Zirkusform.

- Riesige Vase, Rasenornament, ist aus Beton gefertigt.

- Alter Silo in Railroad-Yard Houses Little Store.

- Die Straße steigt so abrupt an, dass vier Treppen notwendig sind.

- Kirche nutzt Werbetafeln, um heilige Schriften zu „verkaufen".

Diese große Themenvielfalt zeigt, dass selbst in sehr kleinen Städten viele Möglichkeiten für verkaufsfähige Bilder bestehen. Darüber hinaus gibt es Märkte für Drucke von:

Statuen	Bauernhofszenen
Schmiedewerkstätten	Wanddekorationen
Farmlichtpflanzen	Meereslandschaften

Schaf

Landschaften

Gemälde

Mädchenköpfe

Wirtschaftsgebäude

Neue Erfindungen

Neue Errungenschaften

Live Spiel

Vögel im Flug

Industrielle Kunst

Getreidefelder

Blick auf die Wüste

Haustiere

Geflügel

Häfen

Garage-Methoden

Eisenbahn

Betonbau

Blumen

Elektrogeräte

Gewinner des Viehzuchtpreises

Kunstmuseen

Motorboote

Musikalische Arbeit

Schuhfabriken

Gartenarbeiten

Innendekorationen

Designs

Camping-Szenen

Gefangene Wildtiere

Freaks

Vieh

Obstgärten

Zeitsparende Pläne

Sozialer Fortschritt

Mode

Kais

Lackierabteilungen

Mühlen

Neue Banken

Große Anwesen

Fabrik Ausrüstung

Schaufensterdisplays

Ladenfronten

Motorräder

Wirtschaftliches Interesse

Gute und schlechte Straßen

Sprühmethoden

Thekendisplays

Sprengen

Preisgekrönte Hunde   Landschaftsgestaltung

Yachten   Sport

Wenn Sie in einer großen Stadt leben , haben Sie zusätzlich die Möglichkeit, Fotos zu erhalten, die beispielsweise im *Mid-Week Pictorial* und im *Illustrated Review* sowie in einigen der großen überregionalen Zeitschriften und in den Tiefdruckabteilungen der führenden Sonntagszeitungen veröffentlicht werden . Obwohl die Großstadt mehr Möglichkeiten für das Fotografieren von Prominenten und dergleichen bietet, gibt es viel Konkurrenz. Der Fotograf in einer durchschnittlich großen Stadt hat möglicherweise nicht häufig Gelegenheit, berühmte Personen zu fotografieren; aber er hat viele andere Chancen auf verkaufsfähige Fotos, was die Sache ausgleicht.

Manchmal kommt eine bemerkenswerte Person in die Stadt; Aber ich würde es mir genauso wenig anmaßen, Ihnen zu sagen, dass Sie auf seiner Spur campen sollen, als ich es wagen würde, zu einem Entenjäger zu sagen: „Verzeihen Sie, alter Mann, aber Sie sollten besser abdrücken. Genau dort, wo Sie sind, ist ein Vogel." „Habe deine Waffe gerichtet."

Was man nicht fotografieren sollte

Zu wissen , *was* man fotografieren sollte, ist genauso wichtig wie zu wissen, *was man nicht* fotografieren sollte. Ich kann Ihnen nicht so einfach anhand von Beispielen zeigen, welche Art von Fotos Redakteure nicht kaufen; denn eine Suche in einer beliebigen Anzahl von Zeitschriften wird solche Beispiele nicht finden.

Erfahrung ist eine teure Schule; aber manchmal sind die anderen wegen mangelnder Schirmherrschaft geschlossen. Es scheint, dass, wenn man lernt, *was* man fotografiert, man automatisch lernen sollte, *was man nicht* fotografieren sollte; und das sollten Sie in der Tat tun; aber das tust du nicht. Es gibt jedoch einen anderen Weg. Nachdem Sie ein Foto an eine Reihe von Publikationen gesendet und das Foto von derselben Reihe von Publikationen zurückgeschickt haben, können Sie wahrheitsgemäß sagen: „Nun, ich habe eine Sache entdeckt, die diese Herausgeber nicht wollen."

Redakteure haben ganz klare Gründe, warum sie bestimmte Arten von Fotos nicht kaufen. Der Herausgeber ist dazu da, eine lebendige, aktuelle und ungewöhnliche Publikation zu produzieren. Er kauft nur aktuelle, aktuelle und ungewöhnliche Fotos. Was könnte einfacher sein?

Veröffentlichungen wünschen keine Fotos, die anderen bereits gedruckten Fotos ähneln. Der Grund liegt auf der Hand. Um ein Beispiel aus meiner Anfangszeit zu nennen: Ein Schuhhändler stellte für eine Anzeige ein riesiges Paar Schuhe in Größe 35 in sein Schaufenster. Ich nutzte die Gelegenheit, ein verkaufsfähiges Foto zu machen. Es wurde verkauft; aber nicht an *Popular Mechanics* , denn der Herausgeber schrieb, dass er es nicht verwenden konnte, weil er einige Monate zuvor ein Bild eines riesigen Paars Schuhe gedruckt hatte, das für einen Zirkus-Nebenschauspieler angefertigt worden war. Folglich könnte das Motiv Ihres Fotos genau das sein, was sich der Redakteur wünschen würde, wenn er seine Anforderungen nicht bereits erfüllt hätte. Studieren Sie daher die gedruckten Fotos und erstellen Sie neuere und bessere.

Wenn der König von England in die Stadt kommt, kann es gut sein, ihm zu befehlen, still zu stehen, ernst zu schauen oder zu lächeln, denn ein so gestelltes Bild von ihm kann von den örtlichen Zeitungen buchstäblich „aufgefressen" werden; aber eine überregionale Wochenzeitung wie *Collier's* verlangt etwas anderes. Für gestellte Fotos gibt es einen Rabatt. Es handelt sich zu deutlich um „Bilder von Männern, die sich fotografieren lassen". Gefragt sind Leben und Handeln. Es ist nicht notwendig, den König zu bitten, sich auf den Kopf zu stellen. Bitten Sie ihn, dem Polizeichef die Hand zu schütteln; oder lassen Sie ihn etwas anderes tun, das zeigt, dass er die Kraft zum Handeln hat.

Auf einem unschätzbar wertvollen Ablehnungsbescheid, der von einer landesweiten Zeitschrift erstellt wurde, werden Beispiele dafür aufgeführt, „was wir wollen und was nicht". Unter einem Foto von Senator Johnson mit erhobener Faust, als würde er einen Punkt seiner Rede verdeutlichen, steht: „Hier erledigt die erhobene Faust das Geschäft – macht Taten, Leben – und verwandelt das, was sonst nur ein gewöhnliches Abbild davon wäre. " Senator Johnson in ein beeindruckendes und fesselndes Bild."

Aber wenn ein Foto ausreichend ungewöhnlich ist, kann es sein, dass es kein Leben mehr hat und sich dennoch verkaufen lässt, auch wenn es durch die Zurschaustellung von Aktion einen materiellen Gewinn erzielt. Unter einem Foto eines schwimmenden U-Boots steht auf dem Ablehnungsbescheid: „Keine Aktion hier; aber man kann mit Sicherheit sagen, dass nur wenige Leser dieses Magazins dieses Bild übersprungen haben, als es erschien. U-Boote sind heutzutage weit verbreitet, aber nicht die Art, die es gibt." tragen riesige Zwölf-Zoll-Geschütze. Ähnlich unter einem Foto von drei Männern, die in einer Reihe stehen und mit einem „Wo ist der Birdie?" nachschauen. Mit Blick in die Kamera lautet die Überschrift: „Ein gestelltes Bild und, wie unter solchen Umständen üblich, ein totes. Wir haben es verwendet, weil eine Geschichte, die sich um diese Männer dreht, besonders interessant war und ein großes Publikum in Amerika ansprach." Aber egal wie außergewöhnlich ein Foto ist, es gewinnt um das Hundertfache, wenn es Lebenszeichen *zeigt* .

Es stimmt, ein „totes" Bild kann sich verkaufen; aber ein Live-Foto wird sich schneller verkaufen, und die Arbeit des Fotografen wird gefragter sein, und der daraus resultierende Scheck wird größer sein – viel größer.

Wenn Sie ein Foto von einem Gebäude machen – selbst zum Beispiel von einem neuen Arsenal –, werden Sie es niemals an eine Publikation wie die Roto-Sektion der New York *Times verkaufen* . Auf dem Ablehnungsbescheid steht unter einem solchen Bild: „Es ist nicht einmal ein Mensch darin, der die Strenge der harten Linien des Gebäudes und der flachen Wasserfläche mildern könnte. Solche Bilder gefallen uns nicht." Zwar kann ein Foto eines Gebäudes – und zwar nur eines Gebäudes – für ein paar Dollar an eine Architekturzeitschrift verkauft werden; Aber es bringt mehr Geld und eine größere Zukunft, wenn man den Fotografien Leben einhaucht und seine Arbeit dadurch in die nationalen Wochenzeitungen bringt.

Auch hier möchte keine Zeitschrift ein Foto von etwas kaufen, das nicht neu ist. Ein Denkmal ist ein wahrscheinlicher Verkäufer, wenn es kurz nach der Enthüllung und mit der Menschenmenge um es herum fotografiert wird; Wartet der Fotograf jedoch mehrere Jahre, ist ein Abdruck des Denkmals unverkäuflich. Und das ist nicht verwunderlich: Sie bevorzugen frische Eier gegenüber gekühlten Eiern.

Das große Geheimnis des erfolgreichen Pressefotografen ist die Einbeziehung des Menschen in seine Fotografien unbelebter Objekte. Die Menschen haben ein tiefes Interesse aneinander. Wenn man in ein Bild eingeführt wird, wird gleichzeitig das menschliche Interesse geweckt; und wenn der Mensch dabei abgebildet wird, wie er etwas tut, ist das Interesse noch größer. Denn niemand wird jemals über die Frage hinauswachsen: „Was ? „Machen Sie es, Herr?"

Popular Science Monthly sagt: „Wir wollen gute, klare Fotos von einem Menschen, der etwas Mechanisches tut. Die Motive müssen neu sein." Wenn eine neue Erfindung allein abgebildet wird, ist sie leblos und bedeutungslos. Aber lassen Sie es von einem Menschen bedienen, und ein Foto davon gewinnt an Wert.

Man muss nur seinen gesunden Menschenverstand auf die Sache anwenden. Wenn in der Stadt ein Mord begangen wird, verlangen die Zeitungen keine Fotos der Leiche; Es eignet sich sehr gut, um ein Foto der Art „Pfeil zeigt auf den Tatort" zu erhalten.

Man muss sich ganz auf seinen „Spürsinn für Neuigkeiten" verlassen, und das erweist sich manchmal als tückisch. „Ein Foto von menschlichem Interesse entgeht manchmal der geschulten Nase eines Fotografen mit zwanzigjähriger Erfahrung und wird von einem Anfänger aufgegriffen", um Charles Phelps Cushing zu paraphrasieren. Und auf der anderen Seite kann es sein, dass der Oldtimer sich selbstbewusst einem Thema zuwendet, das der Anfänger verachtet hat, und dann feststellt, dass er einen unverkäuflichen Abdruck auf seinen Händen hat. Manchmal erkranken sozusagen „Neuigkeitsnasen" an einer Erkältung und sind nicht in der Lage, die Verkäuflichkeit eines Themas zu wittern. Aber Erkältungen können geheilt werden und die Düfte können wieder aufgenommen werden. Das beste Mittel ist, innezuhalten, nachzudenken und noch einmal zu schnüffeln.

Für jeden guten Druck gibt es irgendwo einen Markt. Es gibt nirgendwo einen Markt für einen Druck, der nicht gut ist.

Das Beste an der ganzen Sache ist folgendes: Niemand – nicht einmal der alte Nick selbst – kann einen Redakteur dazu bewegen, ein Foto zu kaufen, das er nicht haben möchte; und wenn er andererseits weiß, dass er es verwenden kann, wird er es sofort kaufen, sei es von Donald Thompson, einem weltberühmten Pressefotografen, oder von John Brown aus Smithville, dessen erster Versuch es war Vielleicht.

GRÖSSE, FORM UND FORM

Aufstrebende Romanautoren lernen im Laufe ihres aufkeimenden Genies, dass ein großer Schritt in Richtung redaktioneller Gunst in der richtigen Vorbereitung des Manuskripts liegt. Genauso erleidet ein Foto, das nicht nach redaktionellen Standards erstellt wurde, ein Handicap.

Einige Redakteure geben die von ihnen bevorzugte Fotogröße an. Daher bevorzugt *Collier's 4 × 5-Drucke;* Es werden jedoch größere und einige kleinere Ausdrucke verwendet. Ebenso berichtet *das Garden Magazine* , dass es Abzüge im Format 6½ × 8½ bevorzugt, und die Thompson Art Company gibt an, dass sie die Größe 5 × 7 oder 8 × 10 bevorzugt.

Andere Zeitschriften erwähnen die Größe nicht. *Popular Mechanics* berichtet: „Die Größe des Drucks ist nicht so wichtig wie Klarheit und Glanz." Tatsächlich geben die meisten Zeitschriften kein bevorzugtes Format an, da sie dadurch die Mitwirkenden von Abzügen abschrecken, die zwar wünschenswert sind, aber nicht der angegebenen Größe entsprechen.

Wenn eine Zeitschrift darauf besteht, Abzüge in einer bestimmten Größe zu haben, sollte sich der Fotograf nicht entmutigen lassen, weil seine Kamera keine Fotos in dieser Größe macht. Das Anfertigen von Vergrößerungen ist jetzt nicht schwieriger als das Anfertigen von Kontaktabzügen; Wenn das Negativ scharf fokussiert ist und die Linse des Vergrößerungsgeräts gut ist, unterscheidet sich die Qualität einer Vergrößerung kaum von einem Kleinbild.

Meiner Meinung nach macht die ideale Kamera Fotos im Format 3¼ x 4¼ Zoll. Dies ist etwas kleiner als 4 × 5 und ein kostengünstigerer „Filmfresser". Negative dieser Größe sind groß genug, um verkaufsfähige Abzüge anzufertigen, ohne sie zu vergrößern, und wenn ein größerer Abzug gewünscht wird, haben sie gute Proportionen für den Vergrößerungsvorgang. Drucke im Format 2¼ × 3¼ sind zu klein, um sie Zeitschriften anzubieten, es sei denn, die Motive sind allesamt beeindruckend; Allerdings ist die Größe sehr gut und nicht zu klein für hervorragende Vergrößerungen, wenn das Objektiv der Kamera gut ist. Ich habe von einem Fotografen gehört, der ausschließlich eine Westentaschenkamera mit einem lichtstarken Anastigmatobjektiv verwendet: Er versucht nie, die kleinen Abzüge zu vermarkten, deren Größe 1-5/8 × 2½ beträgt, sondern vergrößert die Abzüge auf etwa 4 × 6. Die kleine Kamera bietet gegenüber der großen Kamera viele Vorteile. aber 3¼ × 4¼ ist die glückliche Mitte. Ich habe noch nie einen Druck in dieser Größe zurückgeschickt bekommen, weil er zu klein war.

Es besteht keine Notwendigkeit, sich auf die Herstellung von Drucken nur in Standardabmessungen zu beschränken. Bei Zeitschriften, die künstlerische Drucke wünschen, gewinnen die Drucke materiell an Wert, indem sie so beschnitten werden, dass ein kompositorisches Massengleichgewicht entsteht. Einige Käufer verlangen außerdem Ausdrucke einer bestimmten Form zur Verwendung als Einband und Überschrift, zur Anpassung an Rahmenausschnitte usw. Diese Käufer geben ihre Spezifikationen als „Druckgröße 4 × 6, mit horizontalen Längskanten" oder umgekehrt an. Es ist auch nicht notwendig, die Drucke exakt auf die Größe des Umschlags zuschneiden; Alles, was nötig ist, ist, den Druck in den gleichen *Proportionen wie das Cover* anzufertigen , und der Graveur vergrößert oder verkleinert ihn auf die richtige Größe.

Es gibt ein bestes Finish für Drucke, die zur Veröffentlichung bestimmt sind: Schwarzweiß – *niemals Sepia* – und glänzend, brüniert. Hochglanzdrucke sind nicht viel schwieriger herzustellen als Drucke mit stumpfer Oberfläche. Der einzige zusätzliche Aufwand besteht in der Verwendung einer Rakelplatte oder Ferrotypieplatte. Die Vorliebe für Hochglanzdrucke ergibt sich aus der Tatsache, dass deren Oberflächen absolut glatt und ohne Körnung sind. Dadurch kann der Graveur einen klareren Halbton erzeugen, denn ein Druck mit einer körnigen Oberfläche reproduziert die Oberfläche und alles im Schnitt.

Glanzpapier hat bei normaler Trocknung eine vollkommen glatte, aber halbmatte Oberfläche. Wenn Hochglanzdrucke in Kontakt mit einer Ferrotypieplatte getrocknet werden, werden die Oberflächen hochglanzpoliert, was den Drucken mehr Brillanz verleiht. So vorbereitete Drucke eignen sich ideal für Reproduktionszwecke.

Zeitungen sowie einige preisgünstige Zeitschriften, die auf Zeitungsdruckpapier gedruckt und mit hoher Geschwindigkeit gedruckt werden, erfordern grobgerasterte Schnitte; hier wirkt sich eine ausgefallene Beleuchtung nachteilig aus und feine Details gehen verloren; Gesucht werden breite Licht- und Schattenmassen.

Einige Redakteure bevorzugen Abzüge, die unbeschnitten sind und bis zu den Rändern des Negativs gedruckt werden. Solche Drucke geben dem Herausgeber die Möglichkeit, die Drucke nach Belieben zuzuschneiden. Und bei einfachen Nachrichtenfotos und solchen, die keinen Anspruch auf künstlerische Berücksichtigung haben, scheint es die bevorzugte Art der Einreichung zu sein. Sicherlich werden die Redakteure gegen solche Abzüge nichts einzuwenden haben, und sie könnten sie gegenüber beschnittenen Exemplaren bevorzugen.

Papier mit einem Gewicht ist immer dem Papier mit doppeltem Gewicht vorzuziehen, auch in den größeren Formaten.

Die Ausdrucke müssen scharf fokussiert und deutlich sein – nicht „unscharf".

Manchmal wird ein kontrastierender Druck als das beste Angebot empfohlen; aber das ist ein Fehler. Der Fotograveur möchte Drucke mit vielen Details in den Schatten und einer Tendenz zur Weichheit; aber ohne eine Spur von Flachheit. „Bei der Herstellung des Rasternegativs und in den verschiedenen Schritten der Radierung kann er – der Graveur – Glanzlichter in ein eher weiches Motiv einbringen; er kann jedoch keine Details in grellen Lichtern und Schatten erzeugen", erklärt das Photo-Era *Magazine* . Der Prozess der Halbtonherstellung hat sich so entwickelt, dass die Reproduktion nahezu nicht mehr vom Original zu unterscheiden ist. Machen Sie auf jeden Fall den bestmöglichen Druck – eine normale und wahrheitsgetreue Darstellung.

Nachdem Sie Ihren Abzug erstellt haben, tragen Sie auf der Rückseite Ihren Namen und Ihre Adresse ein und schreiben Sie dann mit Bleistift auf eine harte Oberfläche die Bildunterschrift, die beim Drucken unter dem Foto platziert werden soll.

Einige Herausgeber verurteilen die Praxis, die Bildunterschrift auf die Rückseite des Drucks zu schreiben; für den Druck geht an den Graveur und die Kopie für die Bildunterschrift geht an den Drucker. Die Alternative besteht darin, die Bildunterschrift auf einen Zettel zu schreiben, der mit einem Ende auf die Rückseite des Ausdrucks geklebt wird. In jedem Fall sollten auf der Rückseite der Name und die Adresse des Fotografen vermerkt sein.

Ein idealer Druck zur Reproduktion und Veröffentlichung sollte daher sein:

Nicht kleiner als 3¼ × 4¼ Zoll; auf leichtgewichtigem Glanzpapier, brüniert; sehr scharf; nicht kontrastreich oder flach; ggf. richtige Proportionen; unbeschnitten, wenn gewünscht; Name und Adresse auf der Rückseite; Die Beschriftung ist deutlich auf der Rückseite oder auf einem beigefügten Zettel zu lesen.

Drucke, die diese Prüfung bestehen, können auf den Markt gebracht werden.

WO VERKAUFEN

Es war einmal ein Verleger, der eine bemerkenswerte Inspiration hatte. Er würde ein perfektes Buch veröffentlichen. Er ging dieser Aufgabe mit großer Sorgfalt nach. Es dauerte Monate, ein Buch zu schreiben, das in jeder Hinsicht perfekt sein sollte. Nachdem der Verleger jeden Tippfehler korrigiert und alle möglichen Verbesserungen vorgenommen hatte und keinen einzigen Fehler darin entdecken konnte, fertigte er Probeexemplare an und schickte sie zur Buchveröffentlichung an Universitätsfakultäten und führende Druckereien -Herstellungsexperten, an Autoritäten in englischer Sprache und an Führungskräfte in allen anderen Arbeitsbereichen, von denen aus man die Entstehung des Buches kritisch betrachten konnte. Er forderte sie auf, die Probeabzüge genau zu prüfen und ihn über etwaige Mängel zu informieren, seien sie noch so klein. Jeder der Kritiker erwiderte seinen Beweis mit der Aussage, dass er nicht die geringste Unvollkommenheit gefunden habe. Daraufhin veröffentlichte der strahlende Buchmacher sein perfektes Buch und bot jedem , der einen einzigen Fehler darin finden konnte, eine große Summe an. Und viele Monate vergingen.

Dann erhielt er eines Tages einen Brief, der auf einen Fehler im Buch hinwies. Es folgte ein weiterer Brief; dann ein anderer; und am Ende eines Jahres hatte er ein halbes Dutzend Briefe erhalten, in denen jeder auf einen anderen Fehler hinwies – und jeder war ganz offensichtlich ein Fehler. Und das ist die Geschichte des perfekten Buches.

Mit diesem Buch im Hinterkopf habe ich beschlossen, hier nicht die übliche Liste der Käufer von Fotografien anzugeben. Eine solche Liste kann bei der Zusammenstellung vollständig und korrekt sein; aber bis es in Druck gebracht und veröffentlicht werden konnte, siehe da! Einige der Zeitschriften hätten ihr Erscheinen eingestellt, andere wären neu erschienen, andere hätten ihre Anforderungen geändert; so dass nach einem Jahr die gesamte Liste unbrauchbar wäre.

Ich füge nicht einmal eine Liste der Nichtkäufer hinzu, die einmal Käufer waren, da einige von ihnen jederzeit wieder Käufer werden können. Daher wäre es meiner Meinung nach eine Platzverschwendung, in diesem Artikel eine Liste von Fotokäufern zu platzieren, und es berge möglicherweise Unannehmlichkeiten für alle Fotografen, die nach etwa einem Jahr nach ihrer Veröffentlichung versuchen könnten, die Liste zu verwenden.

Darüber hinaus gibt es jährlich Zeitschriften und andere Bücher, die sich fast ausschließlich der Auflistung von Märkten für Manuskripte und Fotografien widmen; Diese sind in der Lage, bei jeder weiteren Ausgabe Änderungen,

Ergänzungen und Streichungen vorzunehmen und so die Listen aktuell und wertvoll zu halten.

Ein solches Buch ist „Where and How to Sell Manuscripts". In diesem Buch werden die Fotomärkte separat klassifiziert; und listet auch anderswo viele Käufer von Fotografien auf. Darüber hinaus werden Listen von Zeitungen, Postkarten- und Kalenderherstellern sowie Listen von Zeitschriften mit den Themen Haushalt, Landwirtschaft, Gartenarbeit, Jugend, Sport, Natur, Theater, Musik, Kunst, Handwerk usw. bereitgestellt davon verwenden Zeitschriften Fotos. Das Buch wird von der Home Correspondence School, Myrick Building, Springfield, Massachusetts, veröffentlicht.

Ein weiteres Buch dieser Art, das sehr ähnlich ist und solche Listen enthält, ist „1001 Places to Sell Manuscripts", herausgegeben von James Knapp Reeve in Franklin, Ohio. Dies sind die einzigen beiden Marktbücher, die in der Lage sind, ihre Listen aktuell und korrekt zu halten.

Autorenzeitschriften, die Nachrichtenkolumnen zum Literaturmarkt unterhalten, listen Märkte für Fotografien auf; diese ergänzen die Marktbücher.

Der Herausgeber erscheint wöchentlich bei Book Hill, Highland Falls, New York und veröffentlicht möglicherweise mehr Marktnotizen als jeder andere.

The Writer's Digest , 15-27 West Sixth Street, Cincinnati, Ohio, ist eine monatlich erscheinende Zeitschrift für Schriftstellerei, die eine sehr gute Abteilung für Marktnotizen betreibt.

„*The Writer's Monthly*" ist der Name einer anderen Zeitschrift, die solche Märkte auflistet. Es erscheint monatlich. Ich habe herausgefunden, dass die Marktnachrichten zum Zeitpunkt der Veröffentlichung etwas älter sind als die im *Editor abgedruckten* . Dies kann auf die längere Druckzeit des Magazins zurückzuführen sein. Dieses Magazin wird von der Home Correspondence School, Springfield, Massachusetts herausgegeben.

The Student Writer , 1835 Champa Street, Denver, Colorado, erscheint monatlich und führt eine ausgezeichnete Marktliste. Ihre Notizen sind vielfältig, vielfältig und zuverlässig.

Fotozeitschriften listen manchmal Märkte für Fotografien auf, wenn auch nicht häufig.

American Photography , 428 Newbury Street, Boston, Massachusetts, veröffentlicht manchmal Marktmitteilungen in seiner Abteilung „The Market-Place", aber sie sind spärlich.

Das Photo-Era Magazine listet, sofern verfügbar, Marktnotizen auf. Buchverleger, die Drucke mit besonderem Charakter wünschten, nutzten diese Zeitschrift als Werbeträger.

Neben den genannten Zeitschriften können von Zeit zu Zeit auch andere schriftstellerische und fotografische Publikationen Marktnotizen veröffentlichen.

Es ist keineswegs notwendig, beide Bücher zu kaufen und alle Zeitschriften zu abonnieren; Aber wenn Sie dies ohne finanzielle Schwierigkeiten tun können, kann es nur zu Ihrem Vorteil sein. Besorgen Sie sich auf jeden Fall eines der Marktbücher und abonnieren Sie eines der Writer-Craft-Magazine; und wenn Sie eine fotografische Publikation hinzufügen können, umso besser. Schon allein ein Marktbuch ist eine große Hilfe; tatsächlich ist es eine Notwendigkeit. Besorgen Sie sich eines oder beide und Sie werden erstaunt sein, wie oft jeder „Sesam öffne dich" sagen kann, ohne zu stottern.

Der beste Verkäufer der Welt könnte einen vernünftigen Schmied nicht dazu bewegen, einen Vorrat an Lebensmitteln anzulegen. Wenn der Verkäufer Lebensmittel zu verkaufen hat, geht er zu einem Lebensmittelhändler und unterhält sich. Ebenso kann ein Fotograf nicht hoffen, das bemerkenswerteste Foto der Welt zu verkaufen, es sei denn, er schickt es auf den richtigen Markt.

Jedes Magazin hat seine eigenen besonderen Bedürfnisse; aber die Bedürfnisse verschiedener Menschen überschneiden sich so sehr und sind manchmal so ähnlich, dass ein Druck, der dem einen angeboten und von ihm abgelehnt wird, für einen anderen sehr begehrenswert sein kann; Dies gilt sowohl für *Zeitschriftengruppen* als auch für *einzelne* Veröffentlichungen. Als Beispiel: „*Popular Mechanics* " oder „*Illustrated World*" erfordern zwar ungewöhnliche Fotos, kaufen aber selten Fotos von menschlichen Freaks – aber dennoch verwendet die „ *Saturday Blade* " (Chicago) genau so etwas.

Ein paar Blocks von hier entfernt steht die größte Schreibtafelfabrik der Welt: Ein Foto davon wäre weder für die Tiefdruckabteilungen noch für *Popular Mechanics* , *Illustrated World* oder *Popular Science akzeptabel* ; Dennoch wäre ein solches Foto für eine Architekturzeitschrift, eine Schreibwarenzeitschrift oder eine Lokalzeitung nützlich. Wenn ein Foto aus verschiedenen industriellen Blickwinkeln betrachtet werden kann, sowohl aus der Perspektive einer neuen Errungenschaft als auch aus der Sicht des menschlichen Interesses, ist es umso wahrscheinlicher, dass sich dafür Märkte öffnen. *Der Pressefotograf sollte nicht aufhören, bis er alle möglichen Märkte ausprobiert hat.*

Nach ein oder zwei Ablehnungen neigt der Fotograf dazu, zu der Meinung zu gelangen, dass die Redakteure Vorurteile gegenüber seiner Arbeit haben, weil er ein Anfänger ist; aber nichts könnte weiter von der Tatsache entfernt sein. Eine landesweite Zeitschrift sagt; „Sollten wir das, was Sie uns übermitteln, zurückgeben, lassen Sie sich nicht entmutigen. Früher oder später wird es Ihnen gelingen, das zu finden, was wir suchen, wenn Sie unsere Bedürfnisse sorgfältig studieren." Das Gleiche gilt für jedes andere Magazin. Es gibt keinen von ihnen, der aber gerne Ihre Waren kauft, wenn Sie ihm die Art von Waren anbieten, die er haben möchte.

Eine Ablehnung ist keine Zurechtweisung. Es ist eine Herausforderung. Es bedeutet, dass Ihr „Spürsinn für Neuigkeiten" Sie im Stich gelassen hat – Sie in die Irre geführt hat; oder dass Sie versucht haben, Lebensmittel an einen Schmied zu verkaufen. Seien Sie versichert, dass kein Redakteur sich vorsätzlich weigern wird, ein Foto anzunehmen, zu bezahlen und zu drucken, das genügend Wert besitzt, um eine Annahme zu rechtfertigen. Der Herausgeber behält seinen Vorsitz nur so lange, wie er die Art und Qualität der Zeitschrift produziert, die seine Eigentümer von ihm erwarten; und das kann er nur durch die Zusammenarbeit mit Mitwirkenden erreichen. Ohne Mitwirkende ist er in einer Wanne auf See. Der Redakteur ist der beste Freund, den ein Pressefotograf haben kann.

Es spielt keine Rolle, wie viel Anziehungskraft Sie auf einen Redakteur haben, wie nahe Sie einem Verwandten stehen oder wie gut ein Freund ist. Sie können ihm kein Foto verkaufen, wenn Sie nicht „die Ware liefern".

Elliot Walker stellt fest: „Der Weg zum Verkauf besteht darin, den Redakteuren das zu geben, was sie wollen, und zwar auf die Art und Weise, wie sie es wollen." Wenn Sie das tun, können Sie nicht scheitern, wenn Sie es versuchen.

Auch wird kein Redakteur Ihre Fotos aufgrund seiner persönlichen Gefühle ablehnen. „Erstens hält der Zeitschriftenredakteur seine persönlichen Gefühle im Zaum; zweitens wäre es in der Tat dumm, zuzulassen, dass sie seine Entscheidungen beeinflussen; und drittens ist der Herausgeber ‚ein ‘ „Ich habe keine persönlichen Gefühle, wenn es darum geht, Material für sein Magazin zu kaufen."

Es gibt nur einen Weg: das Foto in seiner speziellen Linie auf jeden möglichen Markt zu schicken; Versuchen Sie dann, es aus einer anderen Zeitschriftenperspektive zu betrachten, und probieren Sie jedes Magazin dieses Trends aus. dann wiederholen und wiederholen und immer wieder wegschicken. *Hören Sie nicht auf, bis es von jedem Markt mit der geringsten Kaufmöglichkeit zurückgegeben wurde.* Dann bleiben Sie nächtelang wach, um eine andere Versandstelle dafür zu finden. Mach weiter bis zum bitteren Ende; aber wenn deine „Nase" funktioniert und du konsequent weitermachst, wird das Ende ziemlich plötzlich kommen und es wird nicht bitter sein.

EINE UMFRAGE DER MÄRKTE

Was folgt, ist kein Versuch, bestehende Märkte aufzulisten und zu klassifizieren, sondern eine allgemeine Übersicht über den Zeitschriftenbedarf nach Klasse zu bieten. Während der Erfolg des Kleinstadt-Pressefotografen nicht im Verhältnis zur Größe seiner Stadt steht, erschließen ihm die Zeitschriften, die Monat für Monat den Weg zu ihm finden, nicht das gesamte Feld der Märkte. Er braucht etwas mehr — etwas, das ihm die umfassenden Bedürfnisse von Zeitschriften offenbart. Die Aufgabe dieses Kapitels besteht darin, die Bedürfnisse von Zeitschriften aller Klassen zusammenzufassen.

Daher sind Fotografien aus aller Welt, die die Schönheit und den Kommerz der alten und neuen Epochen zeigen, bei mehreren Zeitschriften heiß begehrt. *Travel* , 7 West Sixteenth Street, New York, möchte Fotos von abgelegenen Orten, ungewöhnlichen Methoden zur Herstellung von Gütern des täglichen Bedarfs und Fotos von allgemeinem Reiseinteresse.

Das Gleiche gilt für das *National Geographic Magazine* , obwohl die in dieser Veröffentlichung verwendeten Fotos und Artikel so speziell und erschöpfend sind, dass ein freiberuflicher Autor selten seinen Bedarf decken kann — denn sie verfügen über einen eigenen Mitarbeiterstab aus Autoren und Entdeckern. Wenn Sie jedoch in der Lage sind, lebendige Fotos von großem Reiseinteresse einzufangen, ist dies ein hervorragender Markt.

Wenn Sie daran interessiert sind, Häuser abzubilden, warten *Country Life* , *Garden Magazine* und *House Beautiful auf Ihre Abzüge*. Diese Zeitschriften sind sehr künstlerisch und verwenden nur die besten Arbeiten; Aber sie interessieren sich für ungewöhnliche Gärten, schöne Rasenflächen, Landschaftsgestaltung und Innendekoration. Ein Haus , das von einem gewöhnlichen Gebäude in ein ungewöhnliches oder markantes Wohnhaus umgebaut wurde , kann für sie sofort zum Verkauf angeboten werden, wenn Fotos der Art „Vorher und Nachher" angeboten werden. Natur, Sport und Bauen auf dem Land sind die Spezialität von *Country Life* , Garden City, New York; *Das Garden Magazine* interessiert sich ausschließlich für Gärten und Zierpflanzenbau, vorzugsweise für den persönlichen Erlebnistrend. Gleiche Adresse wie *Country Life* . *House Beautiful* , 3 Park Street, Boston, möchte Fotos von ungewöhnlichen Arten der Inneneinrichtung und Landschaftsarchitektur. Was für eine Fülle an Material steckt in einem gepflegten, modernen Zuhause! Eigentümer sollten dem Fotografieren ohne weiteres zustimmen, wenn der Fotograf seinen Zweck erläutert.

Arts and Decoration , 470 Fourth Avenue, New York, verwendet ebenfalls Garten- und Hausmaterial, befasst sich aber auch mit der Kunst. Fotografien von Architektur, Inneneinrichtung usw. finden hier einen weiteren Markt.

So verhält es sich beispielsweise mit dem weiten Feld der Country-Life-Magazine im Allgemeinen. Hauseinrichtungs- und „Vorher-Nachher" - Bilder vom Umbau sind leicht zu bekommen und bei guter Umsetzung leicht zu verkaufen.

Jede Art von Zeitschriften verwendet Fotografien: Literaturzeitschriften, Frauenzeitschriften, Bauernzeitschriften, Jugendzeitschriften, religiöse Zeitschriften, Outdoor-Zeitschriften, Foto-, Theater-, Musik-, Kunst- und Fachpublikationen. Die folgenden Hinweise verallgemeinern die Anforderungen jedes dieser Bereiche.

ALLGEMEINE ZEITSCHRIFTEN

Davon ausgenommen sind die meisten Belletristikzeitschriften; Diejenigen, die fotografische Illustrationen verwenden, kaufen die Arbeit von professionellen Studios, die bereits etabliert sind und möglicherweise auf diese Art der Illustration spezialisiert sind. Der Anfänger kann sich zu einem dieser Illustratoren entwickeln – viele Zeitschriften verwenden sie, wie *Love Stories* , *Cosmopolitan* für Sonderartikel, *National Pictorial Monthly* usw. –, aber diese Märkte stehen dem freiberuflichen Fotografen nicht offen.

Current History , Times Building, New York, New York, ist ein Beispiel für ein Nachrichtenmagazin, das aktuelle Fotos von großem Interesse verwendet.

Der Literary Digest ist von ähnlicher Natur, aber dieses zweite Magazin kauft keine Fotografien auf dem freien Markt.

Die Curtis Publishing Company verwendet gelegentlich Fotografien szenischer oder künstlerischer Natur als Füllmaterial. Zu diesen Magazinen gehören *The Saturday Evening Post* , *The Ladies' Home Journal* und *The Country Gentleman* . Diese sind immer verfügbar, und ein Blick auf mehrere Nummern von jedem verrät, um welche Art von Foto es sich handelt.

Grit , Williamsport, Pennsylvania, verwendet viele Fotos und kurze Artikel darüber. Diese Veröffentlichung möchte, dass allgemeine Themen von menschlichem Interesse sorgfältig behandelt werden.

Die Bedürfnisse von *The Illustrated World* , *Popular Mechanics* und *Popular Science* wurden in früheren Abschnitten dieses Buches sehr deutlich gemacht.

Der Scientific American möchte immer Fotos von neuen Erfindungen von großem Interesse, begleitet von kurzen Artikeln. Adresse 233 Broadway, New York, New York.

Physical Culture , 119 West 40th Street, New York, New York, möchte immer Fotos von Personen mit hervorragender körperlicher Entwicklung. Ein Blick in dieses Magazin verrät, welche Posentypen gewünscht sind. Gerade Vorder-, Rück- usw. Ansichten werden nie verwendet; Es kommt auf die Aktion im Bild an.

FRAUENZEITSCHRIFTEN

Diese Zeitschriften verwenden im Allgemeinen Bilder von Heimwerkerarbeiten, Umbauten von Wohnhäusern, Blumengärten ungewöhnlicher Vielfalt und kurze illustrierte Artikel über Hausbau, Innendekoration, Teppiche, Gärten, Hauswirtschaft usw. Die unten aufgeführten Zeitschriften sind nur einige davon die vielen, die Fotos und illustrierte Artikel verwenden, die für Frauen von Interesse sind.

The Ladies' Home Journal , Philadelphia, Pennsylvania; the *Woman's Home Companion* , New York; The *Delineator* , New York, und *Good Housekeeping* , New York, sind allesamt im Allgemeinen Belletristikmagazine mit einem heimeligen Flair, die keinen guten Markt für einzelne Fotos oder kurze illustrierte Artikel bieten, obwohl sie auf dem Markt für geeignetes Material dieser Art sind. in begrenztem Umfang. Andere sind:

Amerikanische Küche , 221 Columbia Ave., Boston.

Bessere Zeiten , 70 Fifth Ave., New York.

Canadian Home Journal , 71 Richmond St., West, Toronto, Ontario, Kanada.

Farm and Home , Springfield, Mass.

Mother's Magazine , 180 No. Wabash Ave., Chicago.

New England Homestead , Springfield, Mass.

Vogue , 19 West 44th St., New York, verwendet exklusive Fotografien der Gesellschaft in New York, Newport usw.; Fotos von hübschen Häusern bekannter Persönlichkeiten der Gesellschaft, schönen und ungewöhnlichen Gärten usw.

Woman's Weekly , 431 So. Dearborn St., Chicago, verwendet kurze illustrierte Artikel von häuslichem Interesse.

BAUERNTAGEBÜCHER

Die Anforderungen an landwirtschaftliche Fachzeitschriften sind spezifisch. Sie bilden eine wichtige Abteilung veröffentlichter Zeitschriften und eine große, die eine große Menge an Material verwendet. Es werden immer Artikel über landwirtschaftliche Verbesserungen usw. sowie Fotos verwendet. Eine Verbindung der beiden in einem illustrierten Artikel ergibt ein viel besser vermarktbares Gut. Die landwirtschaftliche Arbeit besteht aus vielen Abteilungen – Landwirtschaft, Bienenzucht, Botanik, Zucht, Käseherstellung usw. Im Folgenden sind einige der Agrarmärkte aufgeführt, auf denen ständig Material gekauft wird:

Amerikanischer Landwirt, 315 Fourth Ave., New York.

American Bee Journal, Hamilton, Ill.

Amerikanischer Botaniker, Joliet, Ill.

American Breeder, 225 West 12th St., Kansas City, MO.

Amerikanische Landwirtschaft, 537 So. Dearborn St., Chicago.

American Forestry, 1410 H St., Washington, DC

Amerikanischer Obstbauer, State Lake Bldg., Chicago.

American Poultry Journal, 542 So. Dearborn St., Chicago.

American Seedsman, Chicago, Illinois.

Bean-Bag, Syndicate Trust Bldg., St. Louis, Missouri, widmet sich der Bohnenindustrie.

Canadian Countryman, 154 Simcoe St., Toronto, Ontario, Kanada; Material von kanadischem Interesse.

Country Gentleman, Independence Square, Philadelphia.

Milchbauer, Waterloo, Iowa.

Farm and Fireside, 381 Fourth Ave., New York.

Farm Journal, Philadelphia, Pennsylvania.

The Horse World, 1028-30 Marine Bldg., Buffalo, New York.

Jüdischer Bauer, 174 Second Ave., New York.

Kennel Advocate, 636 Market St., Sierra Madre, Cal.

Das Milchmagazin, Waterloo, Iowa.

National Alfalfa Journal, Otis Building, Chicago.

Obstgarten und Bauernhof, 1111 So. Broadway, Los Angeles, Cal.

Potato Magazine , Raum 605, 139 Nr. Clark St., Chicago.

Power Farming , St. Joseph, Michigan.

Rabbitcraft und Small Stock Journal , Lamoni, Iowa.

Southern Agriculturist , Nashville, Tenn.

Wallace's Farmer , Des Moines, Iowa.

JUGENDPUBLIKATIONEN

Fast jede Zeitschrift verwendet jugendjugendliche Inhalte, und es gibt viele, die sich darauf spezialisiert haben. Die folgenden Märkte verwenden die bekannte Art von Fotografie und illustrierten Artikeln, die von Interesse sind – Reisen, wie man es macht usw. Hier steht ein großes Feld für bebilderte Aktivitäten von Jungen offen.

Der amerikanische Junge , 142 Lafayette Blvd., Detroit, Michigan.

Jungenmagazin , Scarsdale, NY

Klassenkamerad , 420 Plum St., Cincinnati, Ohio.

Vorwärts , Witherspoon Bldg., Philadelphia.

Mädchenwelt , 1701 Chestnut St., Philadelphia.

Junior Christian Endeavour World , 31 Mt. Vernon St., Boston, Mass.

Freundliche Worte , Nashville, Tennessee.

Open Road , 248 Boylston St., Boston.

St. Nicholas Magazine , 353 Fourth Ave., New York.

Youth's Companion , 881 Commonwealth Ave., Boston, Mass.

RELIGIÖSE PAPIERE

Religiöse Publikationen neigen nicht dazu, viele Fotos zu drucken, obwohl es hier einen Markt von beträchtlicher Größe gibt. Es ist schwierig, diesen Bereich zu verallgemeinern, aber die folgende Liste kann als solche angesehen werden:

Erwachsener Student , Nashville, Tennessee.

American Messenger , 101 Park Avenue, New York, New York.

Christian Advocate , 810 Broadway, Nashville, Tenn.

Christian Endeavour World , 31 Mt. Vernon St., Boston, Mass., verwendet fotografische Titelbilder.

Die David C. Cook Company, Elgin, Illinois, veröffentlicht etwa vierzig Zeitschriften, die eine große Menge an Fotos und illustriertem Material verwenden.

Epworth Herald , 740 Rush St., Chicago.

Front Rank , 2710 Pine St., St. Louis, MO.

Lookout , Cincinnati, Ohio, verwendet Fotos für Cover.

The Missionary , Apostolic Mission House, Brookland, Washington, D.C

Sonntagsschulwelt , 1816 Chestnut St., Philadelphia.

Das Schlagwort , Otterbein Press, Dayton, Ohio.

OUTDOOR-MAGAZINE

Hier ist eine Gruppe von Zeitschriften, die sich stark für ungewöhnliche Angelausflüge, Jagden und ähnliche Ausflüge interessiert – sie möchte Material über die Tiere im Wasser, in der Luft oder an Land, damit ihre Leser sie leichter erbeuten können; Es benötigt Material zu Vogelhunden, zu Outdoor-Geräten und -Tricks, zu Tennis, Autofahren, Baseball, Katzen, Hunden, Golf, Pferden, Segeln und zu allen Phasen des Outdoor- und Sportlebens. Gesucht werden Fotos von Männern, die in jeder Zeile hervorstechen. Drucke von Jagd, Angeln, Camping, Kanufahren, Segeln und allem, was mit der freien Natur zu tun hat. Hier gibt es einen großen und lukrativen Markt für Open-Air-Fotografien und Sportdrucke.

Aerial Age , 280 Madison Ave., New York, sucht Material zum Thema Luftfahrt.

Alle , die draußen unterwegs sind, *Ausflüge machen* , *Wald und Bach* , *Feld und Bach* usw. sind, wollen die große Auswahl an Outdoor-Materialien, die für jeden Sportler geeignet sind. Diese Zeitschriften sind weit verbreitet, und wenn man sie studiert, wird der Bedarf deutlich.

Hunde sind Gegenstand von Zeitschriften wie „*American Beagle*", 639 West Federal St., Youngstown, Ohio; *Dogdom* , Battle Creek, Michigan; *Hundezüchter* , Battle Creek, Michigan; *Hundewelt* , 1333 So. California Ave., Chicago.

Material über Katzen wird beispielsweise von *Cat Review* , 196 Center St., Orange, New Jersey, begrüßt.

Angelmaterial findet bei den meisten Outdoor-Magazinen Anklang, darunter *American Angler*, 1400 Broadway, New York.

Tennis spricht *American Lawn Tennis*, 120 Broadway, New York, und die *Tennis Review*, California Bldg., Los Angeles, Cal. an.

Golfmaterial wird von *American Golfer*, 49 Liberty St., New York, und *Golfer's Magazine*, 1355 Monadnock Block, Chicago verwendet.

Motoring beruft sich auf eine lange Liste solcher Veröffentlichungen wie:

Amerikanischer Autofahrer, Riggs Building, Washington, DC

Kilometerstand, 4415 No. Racine Ave., Chicago.

Motor, 119 West 40th St., New York.

Motordom, 110 State St., Chicago.

Motor Life, 239 West 39th St., New York.

Geschwindigkeit, 809 Shipley St., Wilmington, Del.

Dann gibt es eine Vielzahl unterschiedlicher Unterteilungen dieser Klasse, deren bloße Namen ausreichen, um die große Vielfalt des von ihnen verwendeten Materials zu offenbaren:

Amerikanische Dame, 1846 So. 40th Avenue, Chicago.

American Chess Bulletin, 150 Nassau St., New York.

Amerikanischer Cricketspieler, Morris Building, Philadelphia.

Baseball Magazine, 70 Fifth Ave., New York.

Billardmagazin, 35 So. Dearborn St., Chicago.

Vogelkunde, 29 West 32d St., New York.

Bowler's Journal, 836 Exchange Ave., Chicago.

The Horse World, 1028-30 Marine Bank Bldg., Buffalo, New York.

Spur, 389 Fifth Ave., New York – Preisverleihung.

Yachting, 141 West 36th St., New York.

FOTOZEITSCHRIFTEN

Diese Zeitschriften legen mehr Wert auf das Foto selbst als auf das, was es darstellt. Hier gibt es einen Markt für künstlerische Drucke, für Drucke, die neue Arbeitsmethoden zeigen, und für solche Materialien, die für Fotografen interessant sind. Künstlerischer Geschmack und technische Genauigkeit sind ausschlaggebend dafür, dass Sie sich für diese Zeitschriften interessieren.

Amerikanische Fotografie , 428 Newbury Street, Boston.

Die Kamera , 210 No. 13th St., Philadelphia, Pennsylvania.

Camera Craft , Claus Spreckels Bldg., San Francisco, Cal.

Photo-Era Magazine , Wolfeboro, New Hampshire.

THEATERZEITSCHRIFTEN

Zu den Theaterzeitschriften zählen die folgenden repräsentativen wenigen, die Ausdrucke aktueller Nachrichten aus der Showwelt, neuer Theateraufführungen, Interviews mit Schauspielern und Schauspielerinnen sowie deren Fotos usw. wünschen.

Das Drama , 306 Riggs Bldg., Washington, DC

Theatre Arts Magazine , 7 East 42d St., Detroit, Michigan.

Theatermagazin , 6 East 39th St., New York.

MUSIKZEITSCHRIFTEN

In dieser Klasse werden einzigartige Fotografien von Bands, Orchestern, Leitern, Musikpavillons, Künstlern, Komponisten usw. verwendet.

Musikalischer Kurier , 437 Fifth Ave., New York, New York.

Musical Enterprise , Camden, NJ

HANDELSPAPIERE

Dazu gehören Zeitschriften, die jedem erdenklichen Gewerbe gewidmet sind. Für jeden Fachbereich wird eine Zeitschrift zitiert, deren Titel selbsterklärend ist und in der Fotografien aus dem jeweiligen Fachgebiet verwendet werden:

Werbung: *Werbung und Verkauf* , 471 Fifth Avenue, New York.

Architektur: *American Builder* , 1827 Prairie Ave., Chicago.

Automobil: *American Garage and Auto Dealer* , 116 So. Michigan Avenue, Chicago.

Backen und Süßwaren: *Baker's Helper*, 327 So. La Salle St., Chicago. *Western Confectioner*, Underwood Bldg., San Francisco.

Zement usw.: *Beton*, 314 New Telegraph Bldg., Detroit, Michigan.

Drogen, Öl, Farbe usw.: *Druggists' Circular*, 100 William St., New York. *Painters' Magazine*, gleiche Adresse.

Trockenwaren: *Dry Goods Reporter*, 215 So. Market St., Chicago, Illinois.

Elektrik: *Journal of Electricity*, Crossley Bldg., San Francisco.

Ingenieurwesen: *Everyday Engineering Magazine*, 2 West 45th St., New York.

Finanzen: *Finanzwelt*, 29 Broadway, New York.

Brüderlich: Siehe bestimmtes Papier, das sich auf eine bestimmte Bruderschaft oder Loge in der Liste im Market Book bezieht.

Möbel: *Furniture News*, Wainwright Bldg., St. Louis, MO.

Getreide: *Grain Dealers' Journal*, 315 S. La Salle St., Chicago.

Lebensmittelgeschäft: *National Grocer*, 208 So. La Salle St., Chicago.

Hardware: *Gute Hardware*, 211 So. Dithridge St., Pittsburgh.

Geschichte: *Hispanic American Historical Review*, 1422 Irving St., NE, Washington, DC

Hausorgeln: Etwa zweitausend davon sind in den genannten Marktbüchern aufgeführt.

Schmuck: *Jewelers' Circular*, 11 John St., New York.

Arbeit: Sehen Sie sich die gewünschte Aufteilung anhand des Market Book an.

Recht: *Casualty Review*, 222 East Ohio St., Indianapolis, Ind.

Schnittholz: *Lumber*, Wright Bldg., St. Louis, Mo.

Medizin: Siehe gewünschte Abteilung, z. B. Zahnmedizin, Krankenhaus usw., im Marktbuch.

Militär: *American Legion Weekly*, 627 West 43d St., New York.

Kommunal: *American City*, 87 Nassau St., New York.

Druck: *The Inland Printer*, Inland Printing Co., 632 Sherman St., Chicago.

Railroad: *The Railroad Red Book*, 2019 Stout St., Denver, Colorado.

Schuhe: *Boot and Shoe Recorder*, 207 South St., Boston.

Diese Umfrage vermittelt einen allgemeinen Überblick über den breiten Markt für Fotografien, die den Anforderungen der einzelnen Zeitschriften entsprechen. Es wurde kein Versuch unternommen, auf die Bedürfnisse von Zeitschriften einzugehen oder eine sogenannte „Marktliste" zu präsentieren. Es ging uns hier darum, den Markt zu verallgemeinern – wir wollten den Leser, der die meisten der genannten Zeitschriften nie zu Gesicht bekommt, darauf aufmerksam machen, dass es sie tatsächlich gibt und dass sie Fotos kaufen. Der Kauf eines Marktbuchs ist notwendig, wenn man ernsthaft in den Verkauf von Fotos an Publikationen einsteigen möchte.

„Study the Magazine" ist das Bromid, das dem Anfänger immer in die Zähne geschleudert wird. Aber was ist, wenn man keine Kopien der Zeitschriften erhalten kann, deren Druckmaterial der Leser leicht finden kann? Dann muss er beim Herausgeber nur noch ein Probeexemplar der Zeitschrift anfordern, indem er die Adresse aus dem Marktbuch verwendet – und schon hat er die besten Informationen darüber, was die jeweilige Zeitschrift will. Und das zum Preis von nur zwei Cent pro Exemplar.

VERSAND DES PRODUKTS AUF DEN MARKT

Wenn einer Lokalzeitung ein Abzug angeboten werden soll, beginnt der Fotograf manchmal schon eine Stunde nach der Aufnahme mit dem Abzug in der Hand, und als er am Schreibtisch des Stadtredakteurs ankommt, erlaubt er es ihn, es zu untersuchen. In einem solchen Fall würde sich der Druck durch den Postversand verzögern; vielleicht verzögern Sie es, bis sein Interesse abgekühlt ist, und machen Sie es so wertlos. Aber wenn man Abzüge an Zeitschriften schickt, sollte man immer die Hilfe von Uncle Sams Postdienst in Anspruch nehmen, egal, ob der Herausgeber direkt nebenan wohnt und das Verlagsbüro nur einen Block entfernt ist.

Der Versand Ihrer Drucke an ihre Märkte verdient besondere Aufmerksamkeit. Lässt sich das Foto nach dem Einpacken leicht biegen, kommt es wahrscheinlich rissig und zerknittert beim Redakteur an. Dann könnte der Herausgeber es nicht kaufen, wenn er wollte. Und wenn es zurückgegeben wird, stellt der Hersteller fest, dass es so verstümmelt ist, dass es sinnlos ist, es woanders zu vermarkten. Der ordnungsgemäße Schutz der Fotos beim Versand ist sowohl für den Herausgeber als auch für den Mitwirkenden eine Hilfe.

Fotos mit einer Größe von 4 x 5 Zoll können sicher in einem Umschlag Nr. 11 aus schwerem Manila-Papier verschickt werden, wenn auch ein Blatt Pappe in den Umschlag gelegt wird. Der Karton verhindert das Abbrechen von Ecken, das Verbiegen und das Reißen des Drucks. Für einen Rückumschlag – *vergessen Sie nie, einen an Sie selbst adressierten und ausreichend frankierten Umschlag für die Rücksendung des Drucks beizulegen, falls dieser nicht verfügbar ist* – ist ein Manila-Umschlag Nr. 10 am besten geeignet.

Drucke, die 4 x 5 Zoll oder größer sind, sollten in größeren Umschlägen – in Klammerumschlägen – verschickt werden. Diese Umschläge sind im Schreibwarenhandel in passenden Größen für fast jedes Foto erhältlich . Der Umschlag sollte in jeder Richtung etwa 2,5 cm größer sein als der Druck. Der Druck sowie ein Stück Pappe, das etwas größer als der Druck sein sollte, können sicher im Verschluss-Umschlag-Behälter verschickt werden. *Vergessen Sie auf keinen Fall, einen Rückumschlag beizulegen, der an sich selbst adressiert und frankiert sein sollte.* Der Rückumschlag darf die gleiche Größe haben wie der äußere; und wenn es gefaltet ist, kann es leicht eingeführt werden. Die genannten Umschläge sind meiner Erfahrung nach die besten Behältnisse für Fotos, die per Post verschickt werden sollen.

Rollen Sie niemals einen Ausdruck und stecken Sie ihn in eine Versandrolle. Wenn ein Redakteur etwas *nicht* möchte, dass Sie etwas tun, dann ist es das. Auf diese Weise verschickte Drucke verlieren nie die heftige Krümmung, die sie beim Transport erhalten, und dann sind sie der Vernunft ebenso wenig zugänglich wie ein temperamentvolles Maultier. Drucke sollten immer *flach* verschickt werden – niemals gerollt oder gefaltet oder in einem anderen Zustand als perfekt *flach* .

Der Umschlag sollte an „den Herausgeber" der jeweiligen ausgewählten Zeitschrift adressiert sein. Adressieren Sie es nicht namentlich an den Herausgeber, denn es könnte zu einer Zeit eintreffen, in der er im Urlaub ist, und es könnte ihm durch das ganze Land folgen und vielleicht verloren gehen. Außer dem Foto sollte keine Beilage vorhanden sein; außer, wenn es notwendig ist, ein Blatt mit einer Erläuterung oder einem kurzen Artikel, der mit dem Bild gedruckt werden soll. Schreiben Sie keinen Brief an den Herausgeber, es sei denn, das Foto ist aktuell und sollte eine sofortige Entscheidung hervorrufen. Der professionelle Nachrichtenfotograf reicht seine Arbeiten ohne Buchstaben und ohne Identifikation außer seinem Namen auf der Rückseite jedes Abzugs ein – und es zählt nicht, was auf der Rückseite, sondern was auf der Vorderseite steht.

Für Fotos sind eigentlich nur Portogebühren der dritten Klasse erforderlich. Das Hinzufügen einer Bildunterschrift zum Ausdruck oder zu einem anderen darin enthaltenen Schriftstück erhöht den Preis automatisch auf „erstklassig". Auch wenn nur das Foto allein verschickt wird, empfehle ich aus mehreren Gründen die Inanspruchnahme eines First-Class-Service: Der Druck wird dann schneller versendet; es wird sorgfältiger gehandhabt; und der Absender kann den Behälter versiegeln, was er bei Angelegenheiten dritter Klasse nicht tun kann. Senden Sie Ihre Fotos daher immer per erstklassiger Post.

Die Herausgeber unterhalten keine besonderen Mittel zur Bezahlung der Portogebühren für Briefmarken. Das heißt, wenn ein Paket mit Fotos am Schreibtisch des Herausgebers ankommt und das Porto nicht vollständig bezahlt ist, bedeutet die Zahlung des fälligen Portos durch den Herausgeber nicht, dass er sich gegenüber dem Werk selbst wohlwollend verhält. Es gibt viele Redakteure, die Beiträge von der Post , denen Portomarken beigefügt sind, nicht annehmen, weil der Absender es versäumt hat, das Porto vollständig im Voraus zu bezahlen. Es gibt sehr viel mehr Redakteure, die Fotos nicht zurücksenden, es sei denn, dem Angebot liegt ein frankierter und an sich selbst adressierter Umschlag bei. Diese Haltung ist völlig berechtigt, denn die Bereitstellung von Porto für unvorsichtige Mitwirkende würde eine Zeitschrift in solchen Fällen jedes Jahr Hunderte von Dollar kosten.

Senden Sie Ihre Fotos niemals per Einschreiben, es sei denn, ihr Wert ist außergewöhnlich; und verschicken Sie sie niemals per Sonderpost, es sei denn, die Drucke sind an eine Zeitung adressiert und von brandaktuellem Nachrichteninteresse. Fotos von durchschnittlicher Qualität per

Einschreiben oder per Sonderpost zu verschicken, ist ein Trick des Neulings, der um Anerkennung kämpft. Wenn Sie einen gewöhnlichen erstklassigen Service in Anspruch nehmen, wird der Redakteur Ihnen gegenüber freundlicher sein , als wenn er seine Arbeit unterbrechen und eine Empfangsbestätigung unterschreiben müsste.

Nicht alle Fotos werden vom allerersten Redakteur akzeptiert, der sie sieht. Sehr oft ist es der fünfte, der zehnte oder sogar der zwanzigste Herausgeber, der sie kauft. Wenn also ein Ausdruck zurückkommt, schicken Sie ihn sofort wieder und wieder raus. *Hören Sie nicht auf, denn beim nächsten Mal könnten Sie es verkaufen.* Wenn es ein guter Druck ist, wartet irgendwo ein Redakteur darauf.

DIE BEZAHLTEN PREISE

Die bemerkenswertesten Nachrichtenfotos aller Zeiten – sie wurden am Südpol belichtet – brachten 3.000 US-Dollar von *Leslie's* (heute nicht mehr veröffentlicht) für „First Rights" und weitere 1.000 US-Dollar vom International Feature Service für „Second Rights" ein. Einige Fotografen haben durch glückliche Aufnahmen Hunderte von Dollar verdient; ein außergewöhnliches Foto kann zwischen 25 und 100 US-Dollar einbringen; aber der durchschnittliche gezahlte Preis beträgt 3,00 $; und tatsächlich gibt es einige Verleger, die ohne Scham nur zehn oder fünfundzwanzig Cent für Drucke anbieten; und einige, die es für unmöglich, unklug oder unnötig halten, überhaupt für Abzüge zu bezahlen.

Auch wenn der durchschnittliche Preis nicht überwältigend ist, ist er eine gute Rendite auf die Herstellungskosten; außerdem kompensieren die zahlreichen Möglichkeiten für verkaufsfähige Drucke das, was jedem Scheck fehlt. Einem wachen und bewegten Fotografen dürfte es nicht schwer fallen, jede Woche mindestens zehn Abzüge zu verkaufen, wenn nicht sogar mehr, wenn man die große Anzahl verfügbarer Motive und die Vielzahl an Zeitschriften bedenkt.

Zeitungen vergüten Drucke entsprechend ihrer Auflagenhöhe. Eine vielgelesene Tageszeitung zahlt mehr für Fotos als eine mit geringer Auflage. Sehr oft bevorzugen Zeitungsredakteure, dass der Pressefotograf eine Rechnung für seine Dienste schickt. Wenn Sie dazu aufgefordert werden, zögern Sie nicht, einen Preis zu verlangen, den Sie für völlig gerechtfertigt halten. Aber nutzen Sie nicht die Gelegenheit, Profit zu machen. Informieren Sie sich besser über den Preis, den der beliebteste Werbefotograf der Zeitung verlangt, und senken Sie Ihren Preis entsprechend. Das ist Geschäft; Es ist kein unfairer Vorteil.

Unabhängig vom gezahlten Preis sollten Sie keine Einwände erheben, wenn Sie der Meinung sind, dass er zu niedrig ist. Akzeptieren Sie die Zahlung und suchen Sie beim nächsten Mal nach einem lukrativeren Markt. Dies gilt sowohl für Zeitschriften als auch für Zeitungen.

Die von den Zeitschriften gezahlten Preise variieren ebenfalls, aber keines der renommiertesten Magazine zahlt weniger als einen Dollar pro Abdruck. Es gibt viele Faktoren, die über die Höhe des Schecks entscheiden, den der Pressefotograf erhält. Die erste ist die Auflage der Publikation, denn ihre finanzielle Reserve hängt von der Anzahl der Käufer ab. In einigen Fällen entscheidet die Größe des Drucks über den gezahlten Preis. So zahlt eine Zeitschrift 1,00 $ für Abzüge einer Größe und 2,00 $ für größere Exemplare. Allerdings gibt es nicht viele Zeitschriften, die nach Druckgröße bezahlen.

Manchmal muss ein Druck retuschiert werden, um ihn für die Reproduktion geeignet zu machen; Und da die Arbeit eines Retuscheurs teuer ist, wird vom Scheck des Fotografen etwas abgezogen, um die Arbeit zu bezahlen. *Popular Science* ist eine Zeitschrift dieser Politik. Der Fotograf kann solche Abzüge von seinen Schecks vermeiden, indem er Fotos von einer solchen Qualität liefert, dass keine Retusche erforderlich ist.

Wenn ein Foto zur ausschließlichen Nutzung durch eine Zeitschrift angeboten wird, kann es zu einem höheren Preis kommen, als wenn es nicht exklusiv wäre. Daher zahlt *Collier's* 3,00 $ für nicht-exklusive Drucke und 5,00 $ für exklusive Drucke. Einige wenige Zeitschriften akzeptieren selten Drucke, die nicht exklusiv sind; tatsächlich kann die Nichtexklusivität ein Grund für eine Ablehnung sein. Kalender- und Postkartenhersteller kaufen natürlich nur Exklusivrechte. Ein Verleger ist immer eher zu einem exklusiven als zu einem nicht-exklusiven Druck geneigt; und sehr oft bedeutet der zusätzliche Gefallen, dass die Zahlung um mehr Dollar erhöht wird.

Ausschlaggebend für die Bezahlung ist auch der Verwendungszweck eines Drucks. Ein Druck, der als Illustration für das Cover gekauft wurde, wird einen größeren Scheck nach Hause bringen, als wenn er nur als eine von vielen Illustrationen verwendet würde. Auch *Illustrated World* zahlt 3,00 $ und mehr für Drucke, die in der Bildabteilung verwendet werden, aber 2,00 $ für die, die in der mechanischen Abteilung verwendet werden. Andere Zeitschriften machen diese Unterscheidung nicht.

Schließlich hängt der gezahlte Preis ganz von der Nützlichkeit und Qualität des Drucks ab. Wenn die Bezahlung manchmal, wie im Fall des *Ladies' Home Journal*, im Hinblick auf den Ruf des Fotografen erfolgt, liegt das nur daran, dass erfahrene Nachrichtenfotografen Abzüge von durchschnittlich höherer Qualität produzieren als Anfänger. Aber wenn ein Anfänger „die Ware liefert", ist der Redakteur genauso gern bereit, ihm den großen Scheck zu zahlen, wie er es tun würde, wenn er ihn jedem anderen auszahlen würde .

Einige Beispiele für gezahlte Preise werden von Interesse sein. *Collier's* zahlt 3,00 $ für nicht exklusive Drucke und 5,00 $ für exklusive Drucke sowie zwischen 25,00 und 100,00 $ pro Seite für Layouts (Spreads). *Illustrated World* zahlt 3,00 $ für jeden Druck. *Popular Mechanics* zahlt 3,00 $ und mehr und 25,00 $ pro Seite für Layouts. *Popular Science* erstattet 3,00 $ für jedes Foto, manchmal auch mehr. Der *Saturday Blade* zahlt jeweils 2,00 $. Die Thompson Art Company zahlt zwischen 1,00 und 5,00 US-Dollar. Underwood und Underwood zahlen ab 3,00 $ und mehr, je nach Wert des Drucks. Die Woodman and Teirman Printing Company zahlt Sätze zwischen 5,00 und 50,00 US-Dollar.

„Aber wann erfolgt die Zahlung?" du fragst. Die Antwort lautet: „Entweder bei Annahme oder bei Veröffentlichung."

Bei weitem zahlen die meisten Zeitschriften nach dem wünschenswerteren Plan – bei Annahme. Sobald ein solches Magazin entscheidet, dass ein Foto für es nützlich ist, schickt es einen Scheck an den Absender. Manchmal wird dem Scheck eine Quittung zugesandt, die der Empfänger unterschreiben und zurücksenden muss; aber häufiger ist der Scheck selbst die Quittung. Die Zahlung bei Abnahme ist bei weitem die wünschenswertere Methode, denn damit wird der Arbeiter bezahlt, sobald seine Arbeit erledigt ist; Es gibt kein wochen- und monatelanges Warten auf die Zahlung, wie es bei kostenpflichtigen Zeitschriften der Fall ist.

Es gibt einige Zeitschriften, die mit der Zahlung warten, bis das Foto tatsächlich auf den Seiten der Publikation erscheint. In solchen Fällen bleibt dem Fotografen nichts anderes übrig, als zu warten, bis der Herausgeber bereit ist, seinen Beitrag jederzeit zu drucken.

Bei kostenpflichtigen Magazinen wird in der Regel mitgeteilt, dass das Foto zur Veröffentlichung angenommen wurde und die Bezahlung erfolgt, sobald es veröffentlicht wird. Manchmal erfolgt überhaupt keine Mitteilung über die Veröffentlichung oder Annahme; und in diesem Fall muss der Fotograf jede Ausgabe des Magazins scannen, um seinen Beitrag zu finden, wenn er erscheint, oder er muss warten, bis der Scheck eintrifft, der die Veröffentlichung bestätigt. Jede Methode ist unsicher; aber es bleibt nichts anderes übrig, als es zu ertragen. Einige Veröffentlichungen warten sogar einige Zeit nach der Veröffentlichung, bevor sie die Zahlung leisten, wie im Fall des *Kansas City Star*, der am Fünfzehnten des Monats nach der Veröffentlichung zahlt, und des *Saturday Blade*, der alle Schecks ebenfalls im Monat nach der Veröffentlichung verschickt. Das ist eine entmutigende Politik; aber da der Scheck immer am Ende eintrifft, gibt es kaum etwas, das ihn verurteilen könnte; Der Fotograf ist verpflichtet, das Beste daraus zu machen.

Der Mitwirkende sollte stets ein Verzeichnis der angenommenen und bei der Veröffentlichung zu bezahlenden Abzüge führen. Andernfalls kommt es aus Versehen möglicherweise nie zu einem Scheck für veröffentlichtes Material, und der Fotograf verpasst ihn möglicherweise nie. Außerdem kann ein Scheck unerwartet von einer vergessenen Quelle eintreffen und einen Anfall von Herzversagen verursachen.

Höchstpreise erreicht der Anfänger nicht, es sei denn, er hat hin und wieder Glück. Die Preise steigen mit Ihrer Erfahrung und Ihrem Ruf.

Der Fotograf, der seine „Spürnase für Neuigkeiten" entwickelt, bis er in jeder erdenklichen Situation ein verkaufsfähiges Foto erspüren kann, ist der Fotograf, dem die hohen Schecks aufgezwungen werden.

Die himmelhohen Schecks kommen zu dem Kameramann , der Tag und Nacht, bei Sonnenschein und Sturm, bei Erdbeben und Zyklon immer „auf der Spur" des verkäuflichen Fotos ist, das irgendwo versteckt ist, wo nur ein scharfer Geruch und eine große Maß an Ausdauer kann ihn führen; und wenn er ankommt, wird die Person wahrheitsgemäß singen: „Erschieß mich, und die Welt gehört dir ." Es gibt genug dieser Themen, um den größten Chor der Welt durch ihren „Gesang" zu beschämen. Allerdings muss der Fotograf gute Musik erkennen, wenn er sie hört.

KUNSTFOTOGRAFIEN

Ein Kunstfoto kann eines von zwei Dingen sein: ein Foto, das selbst künstlerisch ist; oder ein Foto von einer künstlerischen Sache. Für beides gibt es Märkte. Künstlerische Fotografien werden von Kalender- und Postkartenherstellern verwendet; auch durch Fotozeitschriften und Zeitschriften, die dem Schönen in Kunst oder Literatur gewidmet sind. Wenn Sie solche Fotos an Postkartenhersteller usw. senden, sollten Sie diese auf die übliche Weise einreichen.

jeder weiß , sind die von Karten- und Kalenderkünstlern verwendeten Motive interessante Landschaften, wunderschöne Meereslandschaften, hübsche Mädchen, attraktive Kinder und Tiere . Solche Bilder werden manchmal direkt gekauft – und das ist in der Regel auch der Fall; Einige Firmen zahlen jedoch entsprechend ihrem Wert, der sich aus der Nachfrage nach ihnen nach der Veröffentlichung ergibt. Somit zahlt ein Unternehmen auf einer Fifty-Fifty-Basis.

Ein Beispiel für schöne Fotografie, die gleichzeitig ein ungewöhnliches oder künstlerisches Thema abbildet, wird normalerweise in einem Fotomagazin wie dem *Photo-Era Magazine* oder einem Magazin wie *Shadowland vermarktet* . The *Architectural Record* verlangt, dass seine Drucke, obwohl sie architektonische Motive zeigen, künstlerisch und schön sind. Tatsächlich gibt es einen so großen Markt für fotokünstlerische Abzüge von wunderschönen Motiven, dass der Fotograf doppelt belohnt wird, der diese sowie aktuelle Nachrichtenfotos liefern kann.

Künstlerische Fotografien werden auf empfindliches Papier mit einer für ihre Motive geeigneten Oberfläche gedruckt und so zugeschnitten, dass sie die richtige kompositorische Ausgewogenheit aufweisen. und danach werden sie geschmackvoll montiert.

Fotografien, die selbst keinen künstlerischen Charakter haben, aber künstlerische Themen darstellen, können ebenso wie andere Fotografien, die zur Veröffentlichung bestimmt sind, angefertigt werden. Solche Fotografien zeigen Statuen, Bilder, neue Kunstmuseen, Kunstsammlungen, Gemälde, Wanddekorationen, Zeichnungen und alles, was für Künstler von Interesse ist. Nach Material dieser Art suchen Publikationen wie *American Art News* , *Art in America* , *Art and Decoration* und andere, die das Allerbeste schätzen.

Kurz gesagt, der Fotograf kann sein Wild einem breiteren Publikum zugänglich machen, wenn er sowohl Paradiesvögel als auch Enten und Gänse sowie die gewöhnlichen Bewohner der Luft erlegen kann.

WETTBEWERBE

Wettbewerb ist das Leben eines Unternehmens. An Leben mangelt es einem Anwärter auf die Auszeichnung eines Verlegers gewiss nicht. Wenn sich jedoch herausstellt, dass ein Abzug nicht zur Veröffentlichung verfügbar ist, kann er, wenn er im Rahmen des regulären Verfahrens angeboten wird, häufig an einem Fotowettbewerb teilnehmen, bei dem das aktuelle Interesse nicht ausschlaggebend ist. und so vielleicht sogar einen größeren Scheck nach Hause bringen, als er sonst hätte einstreichen können.

Die beiden führenden Fotopublikationen *Photo-Era Magazine* und *American Photography* veranstalten monatliche Wettbewerbe. Die monatlichen Preise für den Advanced Competition des *Photo-Era Magazine* betragen 10,00 $, 5,00 $ und 2,50 $ für Fotoartikel. Auch wenn kein Geld ausgezahlt wird, wird ein verliehener Preis einen großen Beitrag dazu leisten, dem Fotografen ein gewünschtes Gerät zu verschaffen oder sensibilisiertes Material, Entwicklungsmittel usw. bereitzustellen, mit denen er Fotos für andere Zeitschriften erstellen kann. „Der Wettbewerb ist kostenlos und steht Fotografen mit guten Fähigkeiten und gutem Ansehen offen – Amateur- oder Profifotografen." Der Herausgeber des *Photo-Era Magazine* weist jedem Monat Themen zu, wie „Wintersport", „Geschwindigkeitsbilder" usw. Da der Fotograf in jedem Fall Material kaufen muss, ist die Gewährung eines solchen Betrags in Höhe von 10,00 $ eine deutliche Hilfe.

American Photography führt außerdem monatlich Fotowettbewerbe durch. Für diese sind keine Fächer vorgesehen. Die Preise für die Seniorenklasse betragen 10,00 $, 5,00 $ und 3,00 $ und werden in bar ausgezahlt. „Jeder Fotograf, Amateur oder Profi, kann teilnehmen." Dieses Magazin veranstaltete letztes Jahr einen jährlichen Wettbewerb, den es wiederholen möchte, mit Preisen in Höhe von 100,00 $, 50,00 $, zwei von 25,00 $ und zehn von 10,00 $, ganz zu schweigen von einhundert Abonnements für das Magazin. Für die Anerkennung im Jahreswettbewerb ist eine hohe künstlerische Leistung erforderlich. Sowohl *das Photo-Era Magazine* als auch *American Photography* stellen Datenrohlinge zur Verfügung, die mit den Einsendungen verschickt werden müssen.

Wettbewerbe für Amateurfotos werden auch vom *American Boy durchgeführt*, der monatliche Preise in Höhe von 5,00 $, 3,00 $ und 1,00 $ für „die interessantesten Amateurfotos, die jeden Monat eingehen" auslobt. Diese lohnen sich.

Fotografien von allgemeinem Interesse werden von vielen Magazinen in monatlichen Wettbewerben verwendet; und viele Hersteller veranstalten gelegentlich, wenn nicht sogar regelmäßig, Preisausschreiben.

Das wohl größte Unternehmen, das bei Wettbewerben Preise auslobt, ist die Eastman Kodak Company. Das Unternehmen Eastman veranstaltete viele Jahre lang jährlich einen Wettbewerb, bei dem Preise in Höhe von Tausenden Dollar ausgelobt wurden. Im vergangenen Jahr wurde eine Neuerung beschlossen; die Durchführung eines monatlichen Wettbewerbs mit Preisen im Wert von 500,00 $. Diese Praxis wird seit vielen Monaten praktiziert und weist zum jetzigen Zeitpunkt keine Anzeichen dafür auf, dass sie eingestellt wird. Es werden Preise für vier Fotoklassen ausgelobt , wobei die Klasse durch die Kamera bestimmt wird, mit der das Foto aufgenommen wurde. Insgesamt werden jeden Monat zwanzig Preise vergeben, der höchste beträgt 100,00 $ und der niedrigste 7,00 $. Häufig gewinnt eine Person zwei oder drei Preise. Die eingereichten Fotos müssen von guter Qualität sein, für den Menschen von Interesse sein und möglichst eine Geschichte erzählen. Es sind keine Themen festgelegt. Beim Schreiben an das Unternehmen wird ein Merkblatt mit den Regeln und einem Eintragungsformular verschickt. Viele Fotografen haben bei diesen Wettbewerben aufgeräumt.

Hin und wieder vergeben verschiedene Hersteller und Zeitschriften, die dies normalerweise nicht tun, Preise für Fotos. Bei jeder Gelegenheit sollte der Pressefotograf seine Abzüge einreichen, denn wenn sie einen Preis gewinnen, hat er den Vorteil einer höheren Vergütung sowie eines gesteigerten Ansehens bei Redakteuren und Verlegern.

DRUCKE FÜR WERBUNG

Werbetreibende, die Hersteller sind, sind alle davon überzeugt, dass die kaufende Öffentlichkeit über die unübertroffenen Vorzüge ihrer Produkte schmerzlich schlecht informiert ist. Daher wird jeder fotografische Beweis der Überlegenheit ihrer Waren, der die Öffentlichkeit aufklärt, mit offenen Armen empfangen.

Für jedes Foto, das den hervorragenden Service eines Produkts deutlich zeigt, wird dem Fotografen der Herstellerpreis berechnet. Die Nachfrage ist nahezu universell.

Hersteller von Kameraobjektiven sind ständig auf der Suche nach ungewöhnlichen Fotos, die sie mit ihren Produkten machen können. Die Firmen Wollensak , Bausch & Lomb und Goerz kaufen häufig Negative, die einige Merkmale ihrer Objektive anschaulich darstellen.

Hersteller von Kameraverschlüssen kaufen auch Fotos, die mit Kameras aufgenommen wurden, die mit solchen Verschlüssen ausgestattet sind. Normalerweise wird in den gekauften Bildern der Schwerpunkt auf der Fähigkeit der Verschlüsse gelegt, bei hohen Geschwindigkeiten die Bewegung zu stoppen. Da es für Pressefotografen oft notwendig ist, die kürzesten Belichtungszeiten zu verwenden, die ihnen ihre Verschlüsse bieten, sollten sie in ihren Negativdateien etwas haben, das die Fotografen gern erhalten möchten.

Hersteller von anderem Fotomaterial als Objektiven und Verschlüssen kaufen häufig Beispiele von Arbeiten, die mit ihren Waren durchgeführt wurden. So nutzt die Ansco Company „Fotografien von Naturszenen für Werbezwecke", wobei die Fotografien auf *Ansco* -Film und *Cyko aufgenommen wurden* Papier oder andere Ansco-Produkte. Burke und James, Macher von *Rexo* Kameras, „verwenden Sie Fotos für Werbezwecke, die von ungewöhnlichem Interesse sein müssen und ihre verwendeten Waren veranschaulichen oder mit ihren Kameras oder Filmen gemacht wurden." Da der Nachrichtenfotograf bei seiner täglichen Arbeit viele ungewöhnliche Dinge findet, sollte es ihm keine Schwierigkeiten bereiten, ein paar Abzüge an Kamerahersteller zu verkaufen.

Ein Werbetreibender ist immer auf der Suche nach Informationen, die ihm beim Verkauf seines Produkts helfen könnten. Wenn Sie in Ihrer Arbeit einen alten Akku mit noch unbeschädigter elektrischer Energie, einen gut erhaltenen Reifen oder einen Rasierpinsel von „starker Konstitution", der durch häufigen Gebrauch nicht geschwächt wurde, sehen, würde es sich höchstwahrscheinlich als lohnenswert erweisen, ihn zu fotografieren und beschreiben Sie Ihren Fund dem Unternehmen, das das Produkt herstellt.

So kann eine Versicherungsagentur ein Foto einer durch einen Brand zerstörten Garage kaufen, in der die Autos vollständig durch ihre Versicherung geschützt waren. Ein Hersteller von Tresorkästen wird sich vielleicht über ein Foto einer seiner Kisten freuen, die vielleicht aus demselben Feuer herausgekratzt wurden, da die Kiste wertvolle Papiere enthielt, die vollständig vor der schrecklichen Hitze geschützt waren. Die Hersteller einer tragbaren Schreibmaschine kauften einmal ein Foto einer ihrer Maschinen, die aus einem Flugzeug gefallen war und aus dem Boden gegraben werden musste; das aber durch seinen Sturz und seine Bestattung natürlich keinerlei Schaden erlitten hat. Wenn Sie unerwartet auf Irvin Cobb stoßen, der mit seinem Neverleek -Füllfederhalter ein Meisterwerk schreibt, schnappen Sie ihn (mit seiner Erlaubnis) und sehen Sie, was die Macher von Neverleeks sagen. Hersteller von Patentdächern verwenden Fotos von Dächern, die mit ihren Produkten gedeckt sind; Hersteller von Dampfwalzen wollen Fotos von Straßen, die von ihren Maschinen gestampft werden; und so weiter und so weiter und so weiter.

Es ist klüger, zuerst an den Werbeleiter des jeweiligen Unternehmens zu schreiben und sich zu erkundigen, ob er Fotos kauft, die deutlich die unvergleichlichen Vorzüge seines hervorragenden Produkts zeigen, und wenn ja, usw. usw.

Einige Werbetreibende werden Sie bitten, einen Preis für Ihre Arbeit zu nennen, und in einem solchen Fall sollten Sie den Wert des Drucks für sie fair einschätzen. Wenn sie auch das Negativ benötigen, erhöhen Sie den Satz. Alle Drucke sollten selbst für einen kleinen Hersteller 10,00 US-Dollar wert sein, und wenn sie überhaupt akzeptabel sind, sollte ein größeres Unternehmen zwischen 25,00 und 1.000,00 US-Dollar für geeignete Propaganda zahlen. Dieser Zweig der Pressefotografie wird von vielen Arbeitnehmern kaum genutzt, ist aber dennoch einträglich.

Abgesehen davon, dass er dem Hersteller Werbung für sein Produkt liefert, versorgt der Fotograf sich selbst mit Werbung mit dem Inhalt, dass er „die Ware einmal geliefert hat und es wieder tun könnte, also da.“

URHEBERRECHTE UND ANDERE RECHTE

Wenn, wie so oft, ein Foto für mehr als eine Publikation von Nutzen ist, ist es dann in Ordnung, das eine Foto an so viele Zeitschriften zu verkaufen, wie es kaufen?

Wenn eine Publikation ein Foto auf ihren Seiten abdruckt, urheberrechtlich geschützt im Namen des Verlags. Der Fotograf hat sich dann von *allen Rechten daran* getrennt und kann es nicht anderweitig verkaufen, *sofern nicht* eine von zwei Vorsichtsmaßnahmen getroffen wurde.

Die erste Vorsichtsmaßnahme ist die Aufschrift auf der Rückseite jedes Abdrucks: „First Magazine-Rights Only." Diese „mystischen" Worte bedeuten, dass der Abzug nur einmal zur Veröffentlichung angeboten wird und danach wieder Eigentum des Fotografen wird. Das heißt, das Magazin erwirbt beim Kauf eines solchen Drucks nur das Recht, ihn beim ersten Mal zu drucken. Unmittelbar nach der Veröffentlichung geht es wieder in den Besitz des Fotografen über, obwohl er „First Rights" natürlich nicht erneut verkaufen kann, ebenso wenig wie er dasselbe Pferd zweimal gleichzeitig verkaufen kann.

Nachdem die „ersten Rechte" verkauft wurden, kann der Fotograf anschließend die „zweiten Rechte" verkaufen, *sofern* diese Worte auf der Rückseite des zweiten Abzugs stehen. „Zweites Recht' ist das Recht, ein Foto in einer anderen Publikation als der, in der es ursprünglich erschien, zu veröffentlichen." Beispielsweise könnte ein Foto einer neuartigen Schaufensterauslage für *Popular Mechanics akzeptabel sein* , das einen Druck *mit der Aufschrift* „First Magazine-Rights Only" kauft. Aber das gleiche Foto kann auch für eine Werbezeitschrift akzeptabel sein, und deshalb kauft es „Zweitzeitschriftenrechte". Sofern diese Bedingungen nicht auf der Rückseite von Abzügen stehen, die an mehr als eine Zeitschrift verkauft werden, kann es zu Problemen kommen.

jeden Abzug als „Nicht exklusiv" oder „Nicht exklusiv" zu kennzeichnen . Wenn das erledigt ist, kann das Foto an so viele Redakteure verkauft werden, wie es kaufen möchte.

Wenn zum Zeitpunkt des Verkaufs keine Rechte oder Exklusivität erwähnt werden, wird davon ausgegangen, dass der Verlag „alle Rechte" erwirbt. In diesem Fall verliert der Fotograf *sämtliche* Ansprüche auf das Foto; Wenn er versucht, es ohne Zustimmung des Herausgebers, der es zuerst gekauft hat, erneut zu verkaufen, verstößt er gegen das Urheberrecht. Tatsächlich verkauft er das Eigentum eines anderen.

Es besteht keine Notwendigkeit, solche Bedingungen an ein Foto anzubringen, das nur an eine einzige Zeitschrift verkauft werden kann oder das nur einer Zeitschrift angeboten werden soll. Zeitschriften haben eine größere Vorliebe für Drucke, die sie direkt kaufen können und so „Alle Rechte" erwerben. Tatsächlich gibt es nur sehr wenige Drucke, die so wertvoll sind, dass sie an mehr als eine Zeitschrift verkauft werden könnten.

Jetzt tauchen wir tief in die Geheimnisse des Urheberrechts ein. Wenn ein Druck urheberrechtlich geschützt ist, bleibt er unveränderlich Eigentum der Person, die ihn *zuerst* urheberrechtlich geschützt hat, bis er „Übertragung des Urheberrechts" unterzeichnet. Ein urheberrechtlich geschützter Druck kann in einem Dutzend Publikationen veröffentlicht werden, wenn er gekauft wird, und er bleibt immer noch Eigentum desjenigen, der ihn zuerst urheberrechtlich geschützt hat. Urheberrechtsgesetze wurden zugunsten derjenigen erlassen, die „den Fortschritt der Wissenschaft und der nützlichen Künste fördern". Dies geschieht, „indem man Autoren und Erfindern für begrenzte Zeit das ausschließliche Recht sichert, ihre jeweiligen Schriften und Entdeckungen zu nutzen." Nach diesem Gesetz umfasst der Begriff „Autor" die Urheber von Fotografien und unter „Schrift" auch Fotografien.

Der Prozess, ein Foto urheberrechtlich zu schützen, ist kein komplizierter Prozess. Eine Anfrage für einige Copyright-Leerzeichen, Formular J1, sollte an das Register of Copyrights in Washington, DC gerichtet werden. (Formular J1 gilt für zu verkaufende Fotos, J2 für nicht zu verkaufende Fotos.) Dann wird eine dieser Karten ausgefüllt und zwei Abzüge der Fotos zusammen mit der erforderlichen Gebühr an das Urheberrechtsamt geschickt. „Die Gebühr für die Eintragung von Urheberrechten ... beträgt bei Fotografien, wenn keine Bescheinigung (des Urheberrechts) verlangt wird, fünfzig Cent; für jede Bescheinigung fünfzig Cent" zusätzlich. Eine Bescheinigung ist normalerweise nicht erforderlich und nur in Fällen umstrittener Urheberrechtseigentümerschaft usw. nützlich. Die Gebühr sollte nur in Form einer Zahlungsanweisung an das Urheberrechtsregister gesendet werden, und die Fotos müssen das Urheberrechtszeichen tragen. Das ist „entweder das Wort ‚Copyrighted' oder die Abkürzung ‚ Copr '." zusammen mit dem Namen des Urheberrechtsinhabers. Bei Fotografien kann der Hinweis aus dem Buchstaben C in einem Kreis bestehen , *vorausgesetzt* , dass auf einem zugänglichen Teil dieser Kopien ... der Name der Person erscheinen muss, die das Urheberrecht besitzt." Sobald das Urheberrechtsamt die Fotos erhält, wird der Absender benachrichtigt; Und wenn das Urheberrecht gewährt wird, wird ihm wiederum eine kleine Karte zugesandt, die ihn darüber informiert, oder ihm wird die Bescheinigung zugesandt, wenn er eine bestellt hat. Dann gilt der Abdruck als urheberrechtlich geschützt.

Es ist sinnlos, Urheberrechte an allen Abzügen zu schützen, mit Ausnahme derjenigen Abzüge von außerordentlichem Wert, deren Rechte der Fotograf um jeden Preis behalten möchte. Die Wahrscheinlichkeit, dass Abzüge von durchschnittlicher Qualität gestohlen werden, ist unwahrscheinlich, sodass eine urheberrechtliche Schutzpflicht für sie nicht erforderlich ist. Soll das Foto lediglich zwei oder mehreren Publikationen angeboten werden, ist es lediglich erforderlich, jeden Abzug entsprechend den vorstehenden Absätzen zu kennzeichnen.

Verlage sind Wirtschaftsinstitutionen, die zwangsläufig nach höchsten ethischen Grundsätzen geführt werden. Der unabsichtliche Verkauf einer von einer Zeitschrift als exklusiv erworbenen Kopie an eine andere Zeitschrift würde wahrscheinlich dazu führen, dass die Arbeit des Fotografen aus diesen bestimmten Zeitschriften verbannt wird. Der Fotograf sollte bedenken, dass ein von ihm erstellter Abzug nicht sein Eigentum ist, sobald er erstmals von jemand anderem urheberrechtlich geschützt wurde, *es sei denn,* er hat nur bestimmte Rechte daran verkauft. Es ist nichts weniger als Diebstahl, eine fotografische Kopie eines veröffentlichten Fotos anzufertigen und es als Original und unveröffentlicht anzubieten. Der Fotograf sollte niemals versuchen, etwas zu verkaufen, das nicht seine eigene Arbeit ist. Aber da nicht viele den Drang dazu haben, wäre eine unangemessene Betonung dieses Punktes beleidigend.

„Die Summe der vorstehenden Ratschläge besteht darin, dass der Autor (Fotograf) bei der Verfügung über Rechte seinen gesunden Menschenverstand walten lassen sollte", sagt J. Berg Esenwein , Herausgeber des *Writer's Monthly* , in einem seiner Bücher. „In den meisten Fällen wäre es besser, dem Verlag ‚Alle Rechte' zuzugestehen, als auf die Möglichkeit eines Verkaufs zu verzichten; aber fast alle Zeitschriftenherausgeber sind zur Vernunft geneigt und bereit, sich an etwaigen künftigen Gewinnen zu beteiligen." Nachverkauf eines Manuskripts (Foto). Dabei kommt es vor allem darauf an, dass sich Autor und Verleger klar verstehen, ohne dass der Autor dadurch seine Rechte verliert, ohne den Verleger jedoch durch unnötige Festlegungen zu einer Kleinigkeit zu belästigen."

Das Urheberrecht sollte strikt befolgt werden, wenn versucht wird, dasselbe Foto an mehr als eine Veröffentlichung oder mehr als einen Käufer zu senden. Wenn der Fotograf beim Einlösen seines Schecks darauf achtet, welche Rechte er verkauft hat, und sich entsprechend verhält, wird er ohne Probleme jeglicher Art weitersegeln.

ILLUSTRIERTE SONDERARTIKEL

Es würde einen Landvermesser mit außergewöhnlichen Fähigkeiten erfordern, um die Grenze zwischen den Ländern der „ *Fotografien-mit-erklärenden-Daten*" und *der „Artikel-illustrierten-mit-Fotografien" zu markieren* . Da die Trennlinie so vage ist, ist es nicht schwierig, von der einen zur anderen zu gelangen.

Der Sprung vom Fotografieren zum Verfassen von Sachbüchern ist nicht schwer. Bei seinen Streifzügen nach verkaufsfähigen Fotografien stößt der Pressefotograf möglicherweise auf ein Thema, dem ein einzelnes Foto nicht gerecht wird. Dann ist es logisch, fortschrittlicher und einträglicher, mehr Fotos zu machen und einen Artikel darüber zu schreiben.

Tatsächlich können Themen, die sich sonst nicht verkaufen würden, für einen Redakteur sehr nützlich sein, indem er einen verlockenden Artikel darüber schreibt. Auf einmal gibt es eine Möglichkeit, den eigenen Markt zu erweitern und Fotos als solche unverkäuflich zu entsorgen. Ein illustrierter Artikel löst natürlich eine umfangreichere Prüfung aus als der Text oder die Fotos allein. Es besteht eine ebenso große Nachfrage nach illustrierten Artikeln wie nach Fotografien; So hat der Fotograf, der in der Lage ist, Fakten einfach und klar darzustellen, zwei Einnahmequellen.

Viele illustrierte Artikel, die an Zeitschriften verkauft werden, sind lediglich Gruppen von Fotos, zu denen interessante Texte geschrieben wurden. Eine Suche in einigen Zeitschriften offenbart eine große Vielfalt.

Von *Popular Mechans* :

- Neue Bergstraße jetzt für den Verkehr freigegeben.

- Öffentlicher Aufzug von New Orleans.

- Künstlerischer Dachgarten mit Stadtfabrik.

- Dampfer in achtzehn Tagen repariert.

- Wo die Erde zusammenbrach.

- Fliegender Anglertroll für Tiefseefische.

- Eine viergleisige Eisenbahnbrücke aus Beton.

- Wasserfälle in der Nähe einer Großstadt wurden gerade entdeckt.

- Betonschornstein schwer abzureißen.

- Riesige Vorräte an mineralischen Farbpigmenten in Salton Sea.

Von *Illustrated World* :

- Was der Zirkus im Winter macht.

- Schnee auf dem Overland Trail.

- Stadt über Kohlengruben sinkt langsam.

- Den Bauernhof mit einer Windmühle betreiben.

- LKW ausgestattet für die Versiegelung von Maßen und Gewichten.

- Wunderbare Entwicklung in der Hanfindustrie.

- Öffentliche Camp-Annehmlichkeiten.

- Schlammspritzschutz für Autos.

- Arbeite für Wasserfälle überall.

- Die Straße so gestalten, dass sie zum Auto passt.

- Auf dem Weg vor Gebirgsüberschwemmungen.

- Rasenbecken und Brunnen aus Beton.

Aus *dem Photo-Era Magazine* :

- Kinder im Schnee.

- Die Quarz-Meniskuslinse.

- Einführung von Figuren in die Landschaftsarbeit.

- Fotogrußkarten.

- Balance durch Schatten in der Bildkomposition.

- Montieren und Einrahmen von Fotos.

- Der Fotograf und eine Ziegenfarm.

- Im Studio der Natur.

Aus *Wissenschaft und Erfindung* :

- Die Wissenschaft misst den Sportler.

- Die größte Uhr der Welt.

- Mikrofotografien erstellen.

- Wie Zeichentrickfilme entstehen.

- Ein Miniatur-„Himmel".

- Mit Elektrizität Heilung von Soldatenkrankheiten.

- Größter Elektrokran hebt komplettes Schlepperboot.

- Einsatzmöglichkeiten des elektrischen Ventilators im Winter.

- Monster italienischer Suchscheinwerfer.

Dabei handelt es sich um Artikel, die um mehrere Fotos herum geschrieben sind – und nicht nur durch sie illustriert werden. Neben den genannten Zeitschriftenklassen gibt es zahlreiche andere – praktisch jede Publikation, die tatsächlich Illustrationen verwendet –, die auf dem Markt für illustrierte Artikel sind. Solche Zeitschriften richten sich an Außenstehende, Jäger, Sportler, Geschäftsleute, Sportbegeisterte, Reisende – fast alle Leserschichten.

Nachdem der Autor und Fotograf Artikel produziert und verkauft hat, die rund um die Illustrationen geschrieben wurden, kann er nicht anders, als sich hin und wieder eine Idee für einen Artikel zu machen, den eine Zeitschrift haben sollte und der illustriert werden könnte; Die Abbildungen sind jedoch eher ergänzend als grundlegend. In solchen Fällen hat der Autor größere Chancen auf Akzeptanz, wenn er mit seiner Kamera mehrere Fotos macht, um den Text zu illustrieren.

Auch wenn ein Artikel ohne Abbildungen akzeptabel ist, wird er dennoch einen höheren Preis einbringen, wenn er bebildert ist. Wenn der Artikel aufgrund fehlender Abbildungen nicht verfügbar ist, hat der Fotograf die Möglichkeit, einen Scheck dort wachsen zu lassen, wo zuvor keiner gewachsen ist. Seine Kamera kommt ihm dabei zugute. Es gibt keinen Herausgeber, aber er bevorzugt einen illustrierten Artikel gegenüber einem nicht illustrierten – es sei denn, seine Zeitschrift ist aus politischen Gründen bilderlos.

Dann, nachdem seine Bilder ohne Namensnennung gedruckt wurden, entwickelt sich der Fotograf zu einem Schriftsteller, dessen Werk unter der Überschrift „ *How Fruit is Raised on the Moon* ‘ von John Henry Jones, mit Illustrationen des Autors“ erscheint.

Auch wenn der Sprung vom Fotografieren zum Verfassen von Sachbüchern einfach ist, kann es passieren, dass man beim ersten Versuch einen Fehler macht. Aber hämmern Sie es weg, und bald geht der Nagel hinein Ja , es gibt keinen Zeitschriftenredakteur in der Branche, der seinem schlimmsten Feind nicht einen Artikel abkaufen würde, wenn er der Meinung wäre, dass es sich um etwas Gutes für seine Zeitschrift handelte.

Der Fotograf muss nicht nur Nachrichten „erschnuppern“; aber er muss anhand der Sensibilität seiner „Nase“ erkennen, wie gut die Nachricht verarbeitet werden kann. Es wird ihm vergleichsweise leicht fallen, illustrierte

Sonderartikel zu schreiben, wo er vorher nur Fotografien verkauft hat. Und diese Fähigkeit liegt nicht weit unter der der Fiktionalisten.

DIE HOCHSTRASSE

Kein besonders anspruchsvoller Beruf, der Verkauf von Fotografien? Vielleicht nicht von den Dächern als gut bezahlter Beruf verkündet; aber eine, die zu fast allem kultiviert werden kann, bei dem es darum geht, Verleger dazu zu verleiten, Schecks auszustellen.

Wenn Sie Ihren ersten Scheck erhalten, haben Sie ein Gefühl wie das eines Mannes, der einen Zyklon durchquert hat und mit seinem „Flivver" noch in der Scheune durchkommt. Aber wenn der erste Beitrag *gedruckt wird* ! Die Welt gehört dir! Sie sind in den Druck eingebrochen! Wenn nicht in Typ, dann zumindest in Druckfarbe.

Wenn die Aufregung nachlässt, locken viele Zweige. Der Pressefotograf kann sich spezialisieren – er kann seine ganze Kraft einem bestimmten Zweig seiner Arbeit widmen, etwa der Anfertigung von Fotografien von Prominenten, von Mikrofotografien oder von fast allem. Erleben Sie den Amateurfotografen, der in aller Stille das Innere jeder Kirche in New York fotografierte und dann einen Betrag von 4.000 US-Dollar einkassierte. Möglicherweise erhalten Sie sogar eine Stelle – oder einen Job – als Pressefotograf bei einer großen Großstadttageszeitung, bei der Sie die ganze Welt vor sich haben und jeden Samstagnachmittag einen Teil davon in Ihre Handtasche stecken.

Dann werden Sie möglicherweise ins Ausland geschickt – und erhalten jede Menge Geld. Oder Sie widmen Ihre ganze Zeit der Erstellung von Kalenderfotos oder der fotografischen Veranschaulichung von Geschichten, wie es mittlerweile bei manchen Zeitschriften Mode ist, siehe *True-Story* . Es gibt so viele Möglichkeiten zu begreifen, dass es, wenn Sie sich umschauen und die Fachbranche auswählen, in der Sie am liebsten arbeiten möchten, keinen Grund auf der Welt gibt, warum Sie dies nicht tun sollten – und dabei vielleicht 10.000 US-Dollar pro Jahr verdienen sollten . „Machen Sie eine Sache besser als alle anderen und die Welt wird Ihnen den Weg vor die Tür bahnen."

Nach dem Einbruch in die Druckertinte ist der Einstieg in die Schrift verhältnismäßig einfach. Vom Verkauf von Fotos kann man leicht zum Schreiben und Illustrieren von Sachbüchern übergehen. Und Ihr Ruhm als Sachbuchautor kann zusammen mit Ihrer Ausbildung dazu führen, dass Sie ein fiktionales Werk an einen Herausgeber weiterleiten, der Ihren Namen kennt – und siehe da! Aus den Reihen der „Schnellschützen" sind Sie in die höchste Klasse von Schreibern aufgestiegen – den erfolgreichen Romanautoren.

Und auch das ist nicht schwer für den, der will und arbeitet. „Und Arbeit. Schreiben Sie es in Großbuchstaben, ARBEIT ", riet Jack London. „Arbeite die ganze Zeit. Finde etwas über diese Erde, dieses Universum heraus; diese Kraft und Materie und den Geist, der durch Kraft und Materie von der Made bis zur Gottheit aufschimmert. Und mit all dem meine ich die Arbeit für eine Lebensphilosophie. Es Es schadet nicht, wie falsch Ihre Lebensphilosophie sein mag, solange Sie eine haben und es Ihnen gut geht ... Mit ihr können Sie an der Größe festhalten und unter den Riesen sitzen."

Ein anderer stimmt zu: „Atmen Sie tief durch, voller Selbstvertrauen und Vertrauen in sich selbst und Ihre Arbeit. Streichen Sie ‚Verzweiflung' aus Ihrem Wörterbuch! Es ist Ihr und mein Privileg. Dann werden Sie amüsante Erinnerungen haben. Kein großer Schriftsteller, aber ich kann zurückblicken und sagen: ‚Was für ein Idiot ich war!'"

Die Verwirklichung resultiert aus „zehn Prozent Inspiration und neunzig Prozent Schweiß". Eine großzügige Menge dieser Mischung bringt einen auf die High Road. Die High Road ist glatt. Aber jeder kann es bereisen, der möchte – und ausreichend hart arbeitet. Nicht viel, das Anfertigen und Verkaufen von Fotos? Der Anfang des Weges kann karg und aussichtslos sein; Aber der beharrliche Kerl, der ihr beharrlich folgt, wird feststellen, dass sie sich plötzlich erweitert und erblüht und siehe da, sie öffnet sich vollständig in die Hauptstraße hinein.

DAS ENDE

www.ingramcontent.com/pod-product-compliance
Lightning Source LLC
LaVergne TN
LVHW041755190726
843493LV00008B/2630